내 이름은 도도

As dead as a dodo

사라져간 동물들의
슬픈 그림 동화 23
내 이름은
도도 As dead as a dodo
선푸위 申賦漁 지음 | 허유영 옮김
환경운동연합 감수

추수밭

한 그루의 나무가 모여 푸른 숲을 이루듯이
청림의 책들은 삶을 풍요롭게 합니다.

산업문명이 지구상의 생물들을 대거 멸종시키면서
“as dead as a dodo(도도새처럼 죽은)”라는 말이
“완전히 죽어버린”, “멸종된”이라는 뜻의 서글픈 숙어가 되었다.

내가 이 책을 쓰게 된 이유

작은 새

애완용 새들을 파는 시장 앞을 지나가는데 딸이 잡고 있던 내 손을 확 뿌리치고는 새장 앞으로 쪼르르 달려갔다.

"아빠, 새 사주세요."

"안 돼. 잘못 키우다간 죽고 말 거야."

"안 죽어요. 제가 매일 먹이도 주고 물도 줄게요."

나는 아이의 손을 잡고 어서 자리를 뜨려고 했지만 아이는 끌려오지 않으려고 엉덩이를 뒤로 빼고 버텼다.

"제 생일선물로 할게요. 새만 있으면 다른 선물은 필요 없어요."

하지만 딸은 얼마 전 여섯 살 생일에 가족들로부터 선물을 한아름 받은 뒤였다.

"생각해 보렴. 누가 너를 철창에 넣어 놓고 구경한다면 넌 좋겠니?"

"난 새가 아니잖아요. 아빠는 나를 사랑하지 않는 거죠? 그래서 안 사주는 거죠?"

"새는 하늘에서 날아다녀야 해. 철창 안에 갇혀 있어서는 안 돼. 새가 날 수 없다면 얼마나 불쌍한 일이야? 아무 데도 갈 수가 없고 친구도 없잖아."

"두 마리를 사면 되잖아요. 친구가 있으니까 잘 지낼 거예요."

내가 팔을 잡아당기자 딸이 큰 소리로 울며 왼손으로 새장 앞 나무 난간을 꼭 붙들고 놓지 않았다.

나는 딸을 야단쳤다.

"떼쓰지 마! 어린 새를 생각해 봐. 이건 이기적인 행동이야!"

"하늘을 날아다니는 새가 있으면 새장에 사는 새도 있는 거예요. 다른 아빠들은 다 사주는데 왜 아빠만 안 사줘요?"

우린 서로 물러서지 않았다. 하지만 딸이 눈물범벅이 되어 흐느끼는 바람에 결국에는 내가 지고 말았다. 딸에 대한 사랑 때문에 새에 대한 연민과 고집스럽게 지키던 자연에 대한 원칙을 포기한 것이다.

새장 하나와 어린 사랑앵무 두 마리를 샀다. 그날 밤 딸아이는 새장 앞에 쪼그리고 앉아 앵무새에게서 눈을 떼지 못했다. 앵무새들은 홰 위에서 폴짝폴짝 뛰어다니며 모이를 쪼고 물을 먹었다.

"할머니, 이 새들이 알을 낳을까요?"

"그럼."

"알을 낳으면 둥지를 만들어줄래요. 알이 잘 부화되겠죠?"

"그렇고말고."

어머니가 빙긋이 웃으며 딸을 내려다보는데 내가 냉정한 말투로 끼어들었다.

"갇혀 사는 새들은 알을 부화시키지 못해."

딸이 내게는 눈길도 주지 않고 새가 홰에서 내려와 물 먹는 것을 신기하게 쳐다보았다.

다음날 딸은 평소보다 일찍 일어나 새장 앞에 의자를 가져다 놓고 앉아서 새들을 구경했다.

그때 딸아이가 갑자기 비명을 질렀다. 얼른 가보니 새 한 마리는 홰 위에 올라앉아 두리번거리고 있는데 다른 한 마리는 새장 바닥에 쓰러져 있었다. 발을 버둥거리다가 점점 움직임이 약해지더니 이내 미동도 하지 않았다.

나는 그 새를 새장에서 꺼내며 딸에게 말했다.

"죽었구나."

그날 저녁 집에 돌아와 보니 새장이 보이지 않고 딸은 혼자 텔레비전을 보고 있었다.

"남은 새 한 마리는 어디에 있니?"

"할머니께 놓아주라고 했어요."

딸이 깜깜한 밤하늘을 가리켰다.

그날 아침 딸은 내가 출근한 뒤 할머니와 함께 새장을 들고 아래층 아주머니에게 갔다. 아래층 아주머니는 강아지를 좋아하니까 새도 기를 수 있을 것 같았다. 하지만 아주머니는 거절했다. 이번에는 새를 여러 마리 기르고 있는 4층 할아버지에게 갔다. 4층 할아버지는 너무 흔한 새라면서 또 거절했다.

딸은 새를 풀어준 뒤 저녁 내내 혼자서 텔레비전을 보고 있었다. 화면 속에서는 일본 만화 주인공이 험상궂게 생긴 괴물과 뒤엉켜 싸우고 있었다.

나는 문득 딸에게, 아니 모든 아이들에게 자연과 생명 그리고 인간 자신에 대해 생각할 수 있는 이야기를 들려주고 싶었다.

그날 밤 나는 글 한 편을 썼다. 글의 제목은 '도도새'였다.

이 책은 바로 그렇게 시작되었다.

서문

모든 생물종의 인위적인 멸종은 우리를 비추는 거울이다. 이 거울은 자연계를 포악하게 점령한 인류의 모습, 힘이 약한 민족을 노예처럼 부리고 탄압하는 강한 민족의 모습을 비춘다. 생물종과 민족의 멸종은 물결처럼 번져 먹이사슬의 위아래로 널리 영향을 미친다. 멸종 당시에는 인식하지 못했지만 그로 인한 고통은 현재까지 이어지고 있고 또 미래에도 계속될 것이다.

이 책은 이미 멸종했거나 멸종위기에 처해 있는 동물 수십 종의 운명을 소개한다. 그들도 한때는 지구상에서 무리지어 번성하며 살았다. 하지만 지금 우리 아이들은 그 생명들의 환희에 찬 노랫소리를 들을 수가 없다.

인류도 유년기에는 다양한 민족 문화를 형성했다. 하지만 인류가 문명화될수록 다른 동물들의 운명과 마찬가지로 여러 민족들이 눈앞에서 사라지기 시작했다. 이런 문명을 어떤 말로 설명해야 할까?

독자들이 이 책을 덮으며 스스로 질문을 던지기 바란다. 우리의 행동이 지구에 어떤 상처를 남겼을까? 우리가 눈앞의 이익에 급급해 미래를 희생시킨 것은 아닐까?

생물종 하나가 멸종할 때마다 인류는 고독을 향해 한 걸음씩 전진한다. 다른 생물종의 동행 없이 우리가 얼마나 멀리 나아갈 수 있을까?

차례

1

1681년,

모리셔스에서,
마지막 도도새가 죽다

생태계는 사슬로 복잡하게 연결되어 있다.

그중 고리 하나만 사라져도 사슬 전체가 끊어져

연쇄적인 재난이 일어날 수밖에 없다.

하지만 인류는 이 사실에 너무도 무지했다.

도도새와 카바리아 나무가 운명공동체임을 알게 된 것은

그저 작은 우연이었을 뿐이다.

이 생태계에서 인간의 탐욕으로 인해

얼마나 많은 비극이 벌어졌고 또 일어나고 있는지

우리는 아직도 다 알지 못하고 있다.

도도새

Dodo

1681년 모리셔스.

아침 7시인데도 태양이 환하게 빛나고 있었다. 하지만 모리셔스 섬의 숲속은 섬뜩하리만치 적막했다. 작은 동물들이 숨을 죽이고 있었다.

도도새가 고개를 들었다. 그리 멀지 않은 곳에서 시커먼 총부리가 그를 향해 정확히 겨누어져 있었다. 불빛이 번뜩이고 굉음이 공중을 가르는 순간, 이 세상에 남은 마지막 도도새가 푹 고꾸라졌다. 그의 입에 물려 있던 카바리아 나무의 열매도 툭 떨어져 바닥에 뒹굴었다.

사냥꾼은 도도새를 소총 위에 걸고 휘파람을 불며 주둔지로 돌아왔다. 그는 그날 저녁 아주 흡족한 식사를 했다.

1507년 페르난데스 페레이라Diogo Fernandes Pereira라는 포르투갈 탐험가가 모리셔스 해안에 처음 상륙했을 때만 해도 도도새 무리가 다가가 인류를 반갑게 맞이했다. 하지만 그 후에 찾아온 선원들은 이 귀엽고 토실토실하며 온순한 새들이 단백질 보충에 제격이고 몽둥이 하나만 있으면 쉽게 잡을 수 있다는 사실을 알았다. 이 평화로운 섬에서 거의 천적이 없었던 도도새들은 날개가 퇴화되어 날 수가 없고 빨리 달릴 수도 없었기 때문이다.

포르투갈인들은 뒤뚱거리며 다니는 그 새를 재밌어 하며 '도도'라고 이름 붙였다. 포르투갈어로 '도도'란 '멍청하다'는 뜻이다.

뒤이어 네덜란드인, 프랑스인, 영국인들이 개, 고양이, 원숭이, 쥐 등의 동물들을 데리고 모리셔스로 몰려오면서 도도새들은 점점 자신들의 서식처를 빼앗겨갔다. 근근이 명맥을 유지해 오던 도도새는 1681년 아침 커다란 카바리아 나무 아래에서 총성과 함께 쓰러졌다. 우뚝 선 카바리아 나무가 마지막 도도새의 죽음을 비통하게 내려다보고 있었다.

현재 영국 옥스퍼드대학교 자연사박물관에는 박제된 도도새의 머리가 전시되어 있다. 루이스 캐럴Lewis Carroll은 박물관에서 박제되어 있는 그 새의 머리를 보았고, 자신의 소설《이상한 나라의 앨리스》에서 "도도새가 앉아 사진 속 셰익스피어처럼 한 손가락으로 이마를 받치고 생각에 빠졌다"라고 썼다.

도도새가 죽은 뒤 그 비극을 목도한 카바리아 나무는 더 이상 씨를 퍼뜨리고 싹을 틔우지 않았다. 30미터까지 자랄 수 있는 그 커다란 나무가 마치 도도새의 죽음을 애도하며 순정을 지키는 것 같았다. 하지만 인간은 그 사실을 전혀 알지 못했다. 사람들은 단단하고 무늬가 아름다운 목재를 얻기에만 급급해 카바리아 나무를 마구잡이로 벌목했다. 모리셔스 전체를 뒤덮고 있던 카바리아 나무도 300년 뒤 열세 그루밖에 남지 않았다.

1981년 모리셔스를 방문한 미국 생태학자 스탠리 템플Stanley Temple이 비로소 멸종위기종인 카바리아 나무와 이미 멸종된 도도새 사이에 신비한 연관성이 있었음을 발견했다.

카바리아 나무의 씨앗은 단단한 껍데기가 감싸고 있었다. 그 껍데기는 저절로 벗겨지지 않으며 도도새가 그걸 먹고 배설해야만 껍데기가 벗겨져 싹을 틔우고 자라날 수 있었다. 카바리아 나무의 씨앗을 먹는 동물은 도도새뿐이었다. 그래서 도도새가 멸종된 후 새로 싹을 틔운 카바리아 나무가 한 그루도 없었던 것이다.

템플은 도도새와 습성이 비슷한 칠면조를 일주일간 굶겼다가 억지로 카바리아 나무의 단단한 열매를 먹게 했다. 그 후 칠면조의 배설물 속에서 찾아낸 카바리아 나무의 씨앗을 조심스럽게 흙 속에 심자 얼마 뒤 파릇파릇한 싹이 돋아났다. 인간이 카바리아 나무를 해치지 않고 오히려 싹을 틔울 수 있도록 도와준 것이다.

도도새의 멸종은 산업문명의 무차별적인 생명 파괴를 알리는 시작에 불과했다. 당시 사람들은 그 사실을 전혀 몰랐지만 훗날 수많은 생물종이 지구상에서 사라진 뒤에야 모든 것을 잃은 듯 애통해 했다. “As dead as a dodo(도도새처럼 죽은).” 사람들은 이제 이 말을 ‘잃어버린 모든 것은 다시 돌아오지 않음’을 비유하는 숙어로 사용하고 있다.

일부 과학자들이 이 깊은 상처를 치유하기 위해 도도새 복원에 힘을 쏟고 있다. 생물학자 앨런 쿠퍼Alan Cooper는 도도새의 남아 있는 표본에서 DNA를 추출해내는 데 성공했고, 지질학자 케니스 리즈딕Kenneth Rijsdik 연구팀은 모리셔스의 한 사탕수수 농장에서 도도새의 온전한 골격을 포함해 다수의 뼛조각을 발견했다. 하지만 시간을 되돌릴 수는 없다. 300년 전에 멸종된 수백 종의 새들 중 몇 종이나 복원시킬 수 있을까? 그들 중 거의 대부분이 깃털 하나 남아 있지 않다.

생태계는 사슬로 복잡하게 연결되어 있다. 그중 고리 하나만 사라져도 사슬 전체가 끊어져 연쇄적인 재난이 일어날 수밖에 없다. 하지만 인류는 이 사실에 너무도 무지했다. 도도새와 카바리아 나무가 운명공동체임을 알게 된 것은 그저 작은 우연이었을 뿐이다. 이 생태계에서 인간의 탐욕으로 인해 얼마나 많은 비극이 벌어졌고 또 일어나고 있는지 우리는 아직도 다 알지 못하고 있다.

2

1907년,

뉴질랜드에서,
마지막 후이아가 사라지다

1907년 12월 28일.

한 생물학자가 타라루아 산맥의 숲에서

하늘을 날아다니는 세 마리의 후이아를 발견했다.

하지만 그것이 마지막이었다.

이후 후이아를 목격한 신뢰할 만한 사례는

보고되지 않았다.

후이아(불혹주머니찌르레기)

Huia

순결한 사랑을 믿는 후이아(불혹주머니찌르레기)가 어느 방탕한 국왕과 왕세자에게 총애를 받은 탓에 멸종하게 될 줄 누가 알았을까?

뉴질랜드에 살던 후이아는 수수한 깃털과 나긋나긋 부드러운 노랫소리로 사람들에게 사랑을 받았다. 수컷의 부리는 딱따구리의 부리를 닮아서 나무껍질을 쪼아낼 수 있고, 암컷의 가늘고 긴 부리는 구부러져서 나무 틈새에 숨어 수컷이 잡지 못하는 작은 벌레를 쪼아 먹을 수 있다. 그래서 후이아는 '부부'가 늘 함께 다니며 힘을 합쳐 먹이를 잡았다. 그들의 아름다운 생김새 때문인지 아니면 그들 사이의 돈독한 사랑 때문인지 뉴질랜드 원주민인 마오리족은 그들을 신성한 동물로 여겼다. 결혼한 남자가 후이아 꿈을 꾸면 아내가 딸을 임신한다는 속설도 있었고, 성대한 의식을 치를 때면 부족의 추장이 후이아를 신에게 바치며 제사를 지냈다.

마오리족과 후이아는 오랜 세월 서로를 의지하며 살았다. 서기 950년 마오리족의 선조인 폴리네시아인 탐험가 쿠페Kupe가 작은 나무배를 타고 뉴질랜드에 상륙했을 때부터 1840년 영국 식민주의자들이 이 섬에 상륙할 때까지 약 900년간 마오리족의 제사 때문에 후이아의 수가 줄어들지는 않았다. 하지만 1840년 영국 해군 장교 윌리엄 홉슨William Hobson이 함대를 이끌고 위풍당당하게 뉴질랜드에 도착했을 때부터 비극은 시작되었다. 영국인들은 마오리족 추장을 압박해 와이탕이 조약을 체결하게 하고 이 땅을 대영제국의 영토로 편입시켰다.

그 후 유럽인들이 대거 몰려와 숲을 불태우고 토지를 빼앗았다. 살 곳을 잃은 후이아들은 애처롭게 지저귀는 것 외에는 달리 할 수 있는 것이 없었다.

하지만 건장하고 용맹한 마오리족은 타고난 전사였다. 그들은 긴 창과 이빨까지 동원해 영국인에게 저항했다. 마오리족의 저항전쟁은 1872년까지 계속되었고 20만 명이 넘었던 마오리족은 채 4만 명도 남지 않게 되었다. 전쟁에는 패배했지만 마오리족은 불굴의 정신으로 마침내 자신들의 생존공간을 얻어냈다.

하지만 그들의 신성한 새는 묵묵히 운명에 순응할 수밖에 없었다. 20세기 초 영국 왕세자의 방문은 후이아를 완전히 멸종시키는 계기가 되었다.

에드워드 7세는 빅토리아 영국 여왕의 장남이었지만 여왕에게 몹시 미움을 받았다. 에드워드 7세는 젊은 시절 아일랜드에서 군 복무를 하던 중 한 여배우와 사귀었다. 부친인 앨버트 공이 아들을 만류하기 위해 아일랜드에 다녀오다가 불행히도 사망하고 말았다. 남편을 깊이 사랑했던 빅토리아 여왕은 남편을 잃고 극도의 우울감에 빠졌으며 방탕한 에드워드가 아버지를 죽였다고 굳게 믿었다. 어머니의 사랑을 잃은 에드워드는 마음 둘 곳을 찾지 못해 여자와 말에만 빠져 살았다.

긴 세월의 기다림 끝에 에드워드는 마침내 어머니로부터

왕위를 물려받았다.

에드워드 7세는 국왕으로 즉위한 지 얼마 되지 않아 뉴질랜드에 아들 요크 공을 보냈다. 왕세자를 환영하러 나온 마오리 원주민이 그에게 후이아의 아름다운 깃털을 선물했다. 원주민은 전통적인 존경의 표시로 후이아의 꽁지깃을 요크 공의 모자에 꽂아주었다. 그런데 그것을 본 사람들이 너도나도 따라 하기 시작하더니 급기야 후이아 깃털을 모자에 꽂는 것이 유럽 전역에서 크게 유행하기 시작했다.

1907년 12월 28일, 한 생물학자가 타라루아 산맥의 숲에서 하늘을 날아다니는 세 마리의 후이아를 발견했다. 하지만 그것이 마지막이었다. 이후 후이아를 목격한 신뢰할 만한 사례는 보고되지 않았다.

더욱 안타까운 사실은 긴 창과 이빨로 이민족의 침입에 저항했던 마오리족도 앞으로 100년을 못 버티고 지구상에서 사라질지 모른다는 점이다.

마오리족의 멸종을 부추기는 것은 서양인들의 총과 화약이 아니라 서양의 음식과 생활방식이다. 하지만 마오리족은 이 두 번째 침입 앞에서 조금도 저항하지 않고 있다. 의학 전문가들은 햄버거가 백인보다 마오리족에게 훨씬 더 치명적인 해를 끼친다고 말한다. 마오리족의 몸집이 나날이 비대해지면서 당뇨병 발병률이 높아지고 있다. 획기적인 당뇨병 치료법이 개발되거나 과거의 생활방식으로 돌아가지 않는다면 마오리족은 머지않아 멸종위기에 직면하게 될 것이다.

꿈속으로 날아든 후이아를 생명 번식의 징조로 여겼던 마오리족도 후이아의 뒤를 따라 멸종의 길로 들어서게 될까?

3

1914년,

오하이오주에서,
마지막 여행비둘기가 죽다

어릴 적 보았던 여행비둘기를 기억하는 사람들이 있다.

아직은 나무들도 그 생명의 바람에

가지가 흔들리던 일을 기억한다.

그러나 몇십 년이 흐른 뒤에는

가장 늙은 참나무만이 그들을 기억할 것이고,

더 긴 세월이 흐르면 언덕만이 그들을 기억할 것이다.

여행비둘기

Passenger Pigeon

훗날 사람들은 '후림비둘기Stool Pigeon'라는 단어를 '앞잡이'라는 뜻으로 사용했다.

하지만 그들은 앞잡이가 아니었다.

1914년 9월 1일 미국 전역의 라디오방송국이 한 비둘기의 죽음을 일제히 보도했다. 그날 오후 한 시 신시내티 동물원에서 '마사'가 죽었다는 소식이었다. 마사는 지구상에 남은 마지막 여행비둘기였다.

여행비둘기가 멸종된 후 사람들은 오하이오주 파이크 카운티의 그 청년을 원망했다. 1900년 3월 24일 그가 상공을 날아가던 마지막 야생 여행비둘기를 총으로 쏘아 떨어뜨렸기 때문이다. 그제야 심각성을 깨달은 사람들이 동물원에 갇히는 바람에 살아남을 수 있었던 여행비둘기들을 번식시키기 위해 백방으로 노력했다. 하지만 여행비둘기들은 푸른 하늘을 잃었을 때 이미 모든 것을 다 잃어버린 상태였다.

1909년 세 마리 남아 있던 여행비둘기는 1914년 단 한 마리밖에 남지 않았다. 사람들은 하나씩 죽어가는 비둘기를 새장 밖에서 절망적으로 바라보아야만 했다.

여행비둘기가 100년 전까지만 해도 지구상에서 개체 수가 가장 많은 새였다는 사실을 누가 믿을 수 있을까? 100년이라는 시간은 길지만 또 그렇게 짧은 것이다.

1813년의 어느 오후, 하늘 끝에서 시작된 어지러운 새소리가 점점 커지며 귓바퀴를 두들겼다. 조류학자 존 오듀본 John Audubon이 고개를 들자 거대한 새떼가 북미의 광활한 숲 상공을 천천히 뒤덮고 있었다. 새떼가 태양을 가려 사방이 어두컴컴해졌다. 지름이 16킬로미터나 되는 비둘기떼가 오듀본의 머리 위에서 사흘 동안 떠나지 않았다. 이 유명한 조류학자는 이런 예언을 남겼다.

"여행비둘기는 절대로 인간에 의해 멸종되지 않을 것이다."

당시 아메리카 대륙에 서식하는 여행비둘기가 50억 마리로 전 세계 인구의 5.5배에 달했다.

하지만 유럽인들이 들이닥쳤다.

그들이 여행비둘기에게 얼마나 잔혹한 고문을 가했는지 차마 설명할 수가 없다. 그들은 초원을 불태우거나 풀뿌리 밑에서 유황을 태워 상공을 날아가고 있는 비둘기들을 질식사시키고, 심지어 기차를 타고 비둘기떼를 추격하기도 했다. 총을 쏘고, 대포를 쏘고, 독극물을 뿌리고, 그물을 던져 잡았으며, 화약을 터뜨렸다……. 사람들은 풍부한 상상력을 비둘기 잡는 데 쏟아부었고 온갖 기상천외한 방법들을 동원해 비둘기를 사냥했다. 그렇게 잡아온 여행비둘기들은 사람이 먹기도 하고 남은 것은 돼지에게 먹였다. 심지어 그저 재미로 비둘기를 사냥하기도 했다. 한 사격동호회에서 일주일간 무려 5만 마리를 쏘아죽인 일도 있었고, 어떤 이는 혼자서 하루에 500마리를 잡기도 했다. 사람들은 이 죄악의 결과를 일일이 기록했다. 그들에게는 이것이 경기의 성적이었다.

급기야 이런 방법을 생각해낸 사람도 있었다. 여행비둘기 한 마리를 붙잡아 눈을 가리고 나뭇가지에 묶어 놓은 다음 그물을 설치해 놓으면 다른 비둘기들이 그 비둘기의 울음소리를 듣고 날아와 그물에 걸리는 것이다. 이 방법으로 단숨에 천 마리 넘게 잡기도 했다. 이 사냥 방법이 널리 유행하면서 미끼가 된 이 가엾은 여행비둘기는 '후림비둘기'라는 명사를 탄생시켰다.

이 단어가 훗날 '앞잡이', '끄나풀' 등을 일컫는 말로 사용되었다. 이 불쌍한 새가 동료들을 불러 모아 함정에 빠뜨렸기 때문이었다. 이 비정한 명칭을 만들어낸 것은 아이러니하게도 감수성이 풍부한 인간이었다.

1878년 미국에서는 미시간주를 제외하고 떼를 지어 다니는 여행비둘기를 볼 수 없었다. 사람들도 이 사실을 잘 알고 있었지만 미시간주의 총소리는 여전히 멈추지 않았다. 그해 미시간주 사람들은 6만 달러를 벌기 위해 퍼토스키에서 가까운 여행비둘기 서식지에서 비둘기 300만 마리를 포획했다. 2년 뒤, 한때 상공을 뒤덮을 만큼 많았던 여행비둘기는 단 수천 마리밖에 남지 않았다. 1914년 1차 세계대전이 발발하고 인간들이 서로 싸우고 죽이느라 여념이 없는 사이 지구상의 마지막 여행비둘기 마사가 새장 속에서 숨을 거두었다.

회색 등에 파르스름한 빛이 돌고 가슴은 타오르는 불길

처럼 선홍색을 띠는 마사는 박제되어 지금 미국 스미스소니언 국립자연사박물관의 한 나뭇가지 위에 앉아 있다. 긴 부리와 뾰족한 꼬리가 날렵하게 뻗어 있고 날개는 금세라도 날아오를 듯하지만 마사는 더 이상 움직일 수도 없다.

미국인들은 비통한 마음을 담아 여행비둘기를 기리는 비석을 세우고 그 위에 이렇게 써놓았다.

"여행비둘기를 멸종시킨 것은 인간의 탐욕과 이기심이다."

100년 가까운 세월 동안 인류에게 간섭받은 생물종은 자연 상태로 있을 때보다 천 배나 빨리 멸종했다. 전 세계에서 하루에 멸종되는 생물종이 75종이라고 한다. 한 시간에 세 종씩 사라지고 있는 셈이다. 수많은 동물들이 과학자들에게 주목받지도 못한 채 지구상에서 영영 사라지고 있다.

유명한 환경윤리학자 알도 레오폴드Aldo Leopold는 여행비둘기 비석 아래에서 쓸쓸한 탄식을 내뱉었다.

"어릴 적 보았던 여행비둘기를 기억하는 사람들이 있다. 아직은 나무들도 그 생명의 바람에 가지가 흔들리던 일을 기억한다. 그러나 몇십 년이 흐른 뒤에는 가장 늙은 참나무만이 그들을 기억할 것이고, 더 긴 세월이 흐르면 언덕만이 그들을 기억할 것이다."

4

1906년,

멕시코에서,
마지막 과달루페카라카라가
사라지다

그로부터 100여 년이 지난 어느날

조류학자가 안데스 산맥에서 보았다는 카라카라가

과달루페섬에서 날아오는 총알을 피해 살아남은

두 마리 카라카라의 후손인지는 확인할 길이 없다.

하지만 그것은 중요하지 않다.

어쨌든 카라카라의 한 종이 무사히 발견됐으니 말이다.

과달루페카라카라

Guadalupe Caracara

1906년 인간들은 멕시코에 서식하는 과달루페카라카라가 멸종되었음을 선언했다. 그런데 100여 년이 흐른 어느 날 뜻밖에도 미국 조류학자가 남미 안데스 산맥에서 카라카라의 한 종류가 살고 있는 흔적을 발견했다. 조류학자들은 첨단기술을 동원해 이 맹금류가 어떻게 살아남았는지 밝혀냈다. 그런데 이 발견 앞에서 사람들은 놀라움을 금치 못했다. 새들의 운명이 그들의 이웃인 멕시코인들과 너무도 닮아 있었기 때문이다.

큰 몸집을 가진 과달루페카라카라는 멕시코 바하칼리포

르니아 반도 서남쪽에 있는 과달루페섬에 살았다. 그들은 조상의 생김새를 그대로 유지하고 있었다. 천적이 없기 때문에 거의 진화하지도 않았던 것이다. 스페인인들이 도착하기 전까지 멕시코는 매우 평화로웠고 과달루페카라카라도 근심 걱정 없이 살고 있었다. 하지만 1521년 8월 13일 모든 것이 바뀌었다. 이날 아즈텍의 마지막 국왕 쿠아우테목Cuauhtémoc이 멕시코 틀라텔롤코 광장에서 전쟁포로로 잡힌 후 멕시코는 스페인의 식민지로 전락했다.

유럽 이민자들이 물밀 듯이 들이닥치고 선교사들도 속속 들어왔다. 1521년부터 1531년까지 10년간 선교사들이 열심히 선교 활동을 펼쳤지만 효과가 별로 없었다. 원주민들은 자신들의 종교를 포기하지 않으려 했다. 그러다 1531년 12월 결정적인 계기가 생겨났다. 성모 마리아가 한 원주민 여인에게서 발현했다는 소문이 나돌기 시작한 것이다.

그러자 한 스페인 신부가 꾀를 내어 성모 마리아의 이름을 원주민에게 익숙한 과달루페 성모로 바꾸고 성모의 피부색도 거무스름한 갈색으로 바꾸었다. 그들은 또 이 성모를 위해 성당을 짓고 매년 12월 12일을 과달루페 성모 축일로 정했다. 지역 특색에 맞추어 종교를 변화시키자 놀라운 효과가 나타났다. 그로부터 7년도 되지 않아 원주민 수백만 명이 천주교로 종교를 바꾼 것이다.

1700년 목동들이 염소를 몰고 과달루페 섬에 상륙하자 과달루페카라카라는 인간의 적이 되었다. 이 맹금류는 보통 작은 새나 벌레, 새알을 먹었지만 목동들은 여전히 카라카라를 위협적인 존재로 여겼다. 커다란 과달루페카라카라가 염소 떼 위를 빙빙 돌며 날아다닐 때마다 그들은 총, 독약 등 온갖 수단을 동원해 카라카라를 잡아 없앴다.

결국 1897년 한 어부가 자신이 마지막 남은 과달루페카라카라를 붙잡았음을 알렸다. 어부는 카라카라를 150달러라는 비싼 값에 내놓았지만 너무 비싸서 팔리지 않자 홧김에 카라카라의 깃털을 모두 뽑아 바다에 던져버렸다.

3년 뒤 한 수집가가 자신이 과달루페카라카라 무리를 보았다고 주장했다. 1900년 12월 1일 오후 매 한 무리가 과달루페 쪽에서 날아왔는데 자신이 총 열한 마리 중 아홉 마리를 총으로 쏴 맞추었다는 것이었다. 수집가는 자신의 사

격 솜씨를 자랑하기 위해 떠벌인 것이었지만, 그 후 조류학자들은 과달루페카라카라가 1906년에 완전히 멸종되었다는 절망적인 결론을 내려야 했다.

그로부터 100여 년이 지난 어느날 조류학자가 안데스 산맥에서 보았다는 카라카라가 과달루페섬에서 날아오는 총알을 피해 살아남은 두 마리 카라카라의 후손인지는 확인할 길이 없다. 하지만 그것은 중요하지 않다. 어쨌든 카라카라의 한 종이 무사히 발견됐으니 말이다.

카라카라가 사는 바위동굴은 날카로운 돌이 비죽비죽 솟아 있고 제일 좁은 곳은 폭이 15센티미터밖에 되지 않았다. 사람의 발길이 닿은 적 없고 보통 크기의 새도 날아다니기 힘든 그곳에서 큰 몸집을 가진 맹금류가 어떻게 살 수 있을까? 그곳을 발견한 조류학자가 실험을 해보니 새가 양 날개를 배에 바짝 붙이고 두 다리를 꼬리 쪽으로 뻗어 몸을 바짝 움츠리면 좁은 돌 틈을 통과하는 것이 가능했다. 카라카라의 몸을 뒤덮고 있는 크고 작은 피딱지도 그러면서 생긴 상처들이었다.

카라카라 종이 지금까지 살아남을 수 있었던 것은 자신을 변화시킨 덕분이었다. 그 과정이 고통스럽기 그지없었지만 말이다.

변하기 위해 피를 흘려야 했던 카라카라의 처지가 안타깝지만 멕시코인들은 더욱 끔찍한 변화를 겪어야 했다. 1521년 에르난 코르테스Hernán Cortés가 스페인 원정군을 이끌고 멕시코를 공격한 지 4년이 지나 스물두 살의 국왕 쿠아우테목이 교수형을 당했다. 그리고 얼마 후 멕시코 인구가 1500만 명에서 300만 명으로 줄어들었다.

300년 뒤인 1821년 멕시코는 독립을 얻어냈다. 하지만 그 300년 동안 스페인 이민자와 그 후예, 원주민, 아프리카에서 온 흑인이 뒤섞여 살면서 점점 유럽과 원주민 혼혈 인종이 생겨났다. 메스티소(아메리카원주민과 스페인계, 포르투갈계 백인과의 혼혈인종-옮긴이)를 기반으로 한 새로운 민족이 탄생한 것이다. 현재 멕시코 인구의 90퍼센트가 유럽-원주민 혼혈이고, 89퍼센트는 천주교를 믿고 있다.

멕시코 원주민들은 총과 대포를 앞세운 이민족의 침입과 외래 종교의 침범 앞에서 저항하고 타협하고 적응했다. 고통스러운 적응이었을지라도 그것은 많은 생물들이 혈통을 지키기 위해 선택한 생존 철학이었다. 멕시코 삼문화광장Plaza de las Tres Culturas의 기념비에 새겨져 있는 이 말처럼 말이다.

"1521년 8월 13일 쿠아우테목이 용맹하게 지켰던 틀라텔롤코가 코르테스에게 함락당했다. 이것은 패배도 아니고 승리도 아니었다. 메스티소 민족의 고통스러운 탄생이었다. 이것이 바로 오늘날의 멕시코다."

나비

Swallowtail Butterfly

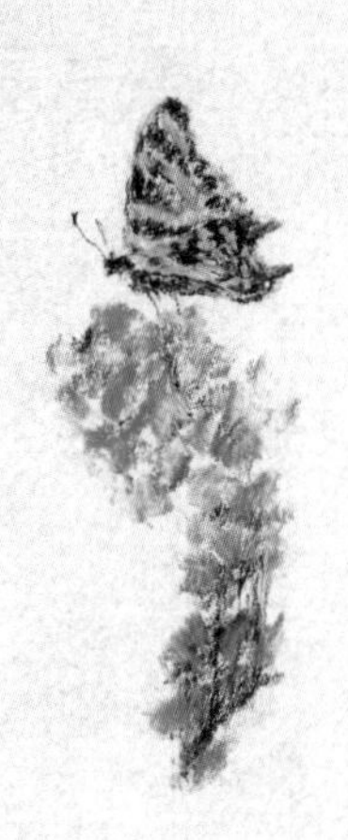

지구의 30억 년 생명사를 돌이켜 보면 한때 번성했던 생물이 하나둘씩 멸종의 위기로 치닫거나 이미 멸종해버렸다. 공룡이 그렇고 사불상도 그랬으며 중국애호랑나비Luehdorfia puziloi도 같은 운명을 피하지 못했다.

어쩌면 우리는 이것을 자연의 이치로 받아들여야 할지도 모른다. 하지만 그 속에 인위적인 파괴가 있었다. 인간은 작고 힘없는 생명에 대해 직접적이고 비합리적이며 무자비한 만행을 가했다.

중국 국가2급보호종인 중국애호랑나비는 난징南京 쯔진산紫金山에서 이미 멸종위기에 처해 있고 중국 각지에서도 속속 멸종위기로 내몰리고 있다.

한 생물종이 사라짐으로 생태계의 사슬에 메울 수 없는 공백이 생기고, 이를 동물학자들이 가슴 아파할 때, 평범한 우리들은 주변에서 사뿐사뿐 너울대던 생명체가 또 하나 사라지고 있음을 쉽게 깨닫지 못한다. 독특한 습성을 지닌 중국애호랑나비가 생태계와 인간으로부터 심각하게 위협받고 있다. 하지만 가해자인 인간은 이 작고 사랑스러운 생명을 향해 한 줌의 측은함조차 느끼지 않는다.

생명의 날개가 피어나기까지

번데기는 계속 잠들어 있었다.

3월 5일 경칩, 풀 끄트머리에 조금씩 초록 기운이 돌기 시작하는 이때 쯔진산의 가장 높고 험한 봉우리는 여전히 누런 풀로 덮여 있었다. 저녁놀의 남은 빛도 곧 사라지려고 할 즈음이었다. 번데기는 메마른 낙엽으로 반쯤 덮여 있는 비좁은 돌 틈에서 잠들어 있었다. 그녀는 제 몸으로 자아낸 실을 바위 사이에 단단히 묶고 꿈쩍도 하지 않았다.

그녀가 잠든 지 열 달째였다.

◇

그때 갑자기 번데기 껍질이 갈라지기 시작했다. 그 틈에서 작디작은 나비가 축축한 날개를 펼치며 천천히 기어 나왔다. 날개는 보드랍고 쪼글쪼글했다. 그녀를 맞이한 것은 화사한 햇살이 아니라 사방에서 도사리고 있는 위기였다. 예측할 수 없는 재난이 그녀를 기다리고 있었다.

아직 날 수 없는 그녀는 걸음을 재촉했다. 아니, 잰걸음을 옮기지 않을 수 없었다. 그녀는 열 달 동안 몸을 숨기고 있던 바위틈에서 빠르게 기어 나와 날개를 활짝 펼칠 수 있는 넓은 곳을 찾아다녔다. 키가 작고 줄기가 가는 관목 한 그루면 충분했다. 그녀는 고치를 뚫고 나온 뒤 몇 분 안에 나뭇가지를 타고 기어 올라가 제 몸을 가지에 매달아 지탱하고 축축한 날개를 펼쳐 바람에 말려야 했다.

서둘러 날개를 펼쳐야 했다. 날개에 뻗어 있는 보드라운 혈관들이 몇 분 사이에 굳어버리기 때문이다. 어서 날개를 펼쳐 혈관 구석구석까지 피가 돌게 하지 않으면 그녀는 영영 날개를 펼 수가 없다. 돌이나 나뭇잎, 작은 풀잎이 그녀의 기지개를 조금이라도 방해하면 그녀는 날개가 구부정해지고 만다.

다행히도 그녀는 높은 나뭇가지에 매달려 날개를 활짝 펼쳤다. 노란색 바탕의 앞날개 위에 앞에서 뒤로 이어진 여덟 가닥의 호랑이 무늬가 뻗어 있었다. 노랗고 붉은 색의 초승달 무늬와 동그랗고 파란 반점으로 장식된 뒷날개가 앞날개와 절묘하게 어울렸다. 그녀는 올 봄 쯔진산의 마지막 나비였다. 날개가 천천히 마르자 그녀가 안도의 한숨을 내쉬었다. 그녀는 꼼짝도 하지 않고 나뭇가지에 매달린 채 천천히 동이 트길 기다렸다.

하지만 동쪽 하늘이 밝아오기도 전에 빗방울이 후드득 떨어졌다. 다행히 이미 펼친 날개가 단단해진 뒤였다. 나뭇가지를 타고 아래로 흘러내린 빗물이 그녀의 몸을 적셨다. 두 날개를 단단히 여미자 뾰족한 날개 끝에서 빗물이 똑똑 떨어졌다.

그녀는 깊은 밤 빗속에서 조용히 날이 밝기를 기다렸다. 첫 시련을 잘 넘긴 뒤였다. 이 비가 조금만 일찍 내렸더라면 그녀는 지금쯤 죽었을 것이다. 온 세상이 물 천지라 날개를 옴짝달싹도 할 수 없었을 것이고, 날개를 펴지 못했다면 봄, 여름, 가을, 겨울 그 열 달 동안의 긴긴 기다림도 아무 의미가 없었을 것이다. 이 작은 생명체에게는 매 순간이 고비이고 위기다.

어둠이 비를 데리고 떠난 뒤 드디어 태양이 모습을 드러냈다. 나비는 천천히 바닥으로 내려와 날개를 한껏 펼쳐 따사로운 햇볕을 쪼였다. 그동안 너무 추웠다. 오전 10시쯤 되자 몸이 거의 마르고 기력도 회복되었다. 그녀가 날아올라야 할 때였다. 그녀의 일생 중 가장 아름다운 때가 온 것이다.

그녀가 날개를 펼쳤다. 가벼운 바람이 몸을 사뿐히 실어 올리자 그녀가 바람을 타고 너울너울 춤을 추었다. 그녀는 춤의 요정이 되어 높고 추운 산봉우리 위에 봄의 생기를 불어넣었다.

하지만 이 순간을 위해 그녀가 얼마나 큰 무서움을 견디고, 얼마나 힘겨운 도망을 쳐야 했는지, 또 얼마나 짙은 어둠 속에서 몸부림치며 버텨야 했는지 알아주는 이는 없었다.

알에서 깨어나자마자 겪는 아픔

그녀의 고단한 삶은 애처롭기만 하다. 4월이 막 지나고 말발굽을 닮은 족도리풀의 녹색 잎사귀가 싱그러운 향기를 머금기 시작했다. 하지만 인간의 산림 파괴로 쯔진산의 족도리풀도 점점 줄어들고 있었다. 중국애호랑나비는 족도리풀에만 알을 낳고 중국애호랑나비의 애벌레도 족도리풀만 먹는다. 족도리풀이 쯔진산에서 다 사라지지는 않았지만 중국애호랑나비는 점점 먹을 것이 없어지는 상황 속에서 생존의 위협을 느끼고 있다.

따사로운 햇볕이 족도리풀 잎사귀 위에 비끼었다. 반투명 잎사귀가 직사광선을 가리고 햇빛 속 자외선을 막아주었다. 나비의 작디작은 알은 잎사귀 아래 안전하게 숨겨져 있었다. 햇볕이 잎사귀를 데우면 진주처럼 매끄러운 연녹색 알이 잎사귀의 온기를 한껏 느끼며 천천히 부화를 준비했다.

진달래가 산봉우리에 만발한 계절이 되자 개미 같은 큰 벌레들이 알껍질을 찢고 들어왔다. 족도리풀은 작은 시내를 끼고 있는 관목 숲에서 자라고 있었다. 시냇물은 말랐지만 땅은 아직도 축축했다. 벌레들이 족도리풀 뒷면을 호시탐탐 노렸다. 부화되지 않은 알들 중에는 그녀도 있었다. 그녀와 형제들은 거의 동시에 이 세상에 나왔다. 그들은 나란히 줄지어 웅크린 채 미동도 하지 않고 잎사귀가 햇볕에 서서히 데워지기를 기다렸다.

잎사귀가 충분히 데워지자 그들이 알에서 나와 잎사귀를 따라 기어갔다. 잎사귀 가장자리부터 갉아먹었다. 배가 몹시 고팠다.

◇

도톰하게 물이 오른 족도리풀이 야들야들했다. 작은 생명 20여 마리가 사나흘 동안 배불리 먹었다. 잎사귀에 크고 작은 구멍이 뚫렸다. 나흘째 되는 날 작은 애벌레들이 어쩔 줄 모르고 불안해하기 시작했다. 그들은 위험에서 도망치려는 듯 빠르게 잎사귀를 벗어나 사방으로 흩어졌다.

각자 다른 잎사귀를 찾으려는 것이었다. 제법 자란 애벌레들에게는 각자에게 잎사귀가 필요했다. 계속 한데 모여 있다가는 굶어 죽을 테니 말이다. 다른 잎사귀를 찾기 전에 우선 외지고 한적한 곳을 찾아 첫 변태를 거쳐야 했다.

나비는 일생에 네 차례 변태를 거쳐야 번데기가 되어 아름다운 날개가 돋는 꿈을 꿀 수 있다. 하지만 그 네 번의 변태는 언제나 죽음과의 사투다. 그들 대부분은 20여 일 동안 네 차례의 변태를 견디지 못하고 죽고 만다.

형제들이 자기만의 잎사귀를 찾아 뿔뿔이 흩어졌다. 이 헤어짐이 영원한 이별이 될 줄을 그들은 꿈에도 몰랐다.

손 하나가 불쑥 들어왔다. 인간의 손이었다. 그 손이 족도리풀 잎사귀를 뒤집었다. 잎사귀 뒷면에 작고 털이 보송보송한 애벌레 두세 마리가 기어 다니고 있었다. 그 손은 족도리풀을 가볍게 쥐고 다른 손에 든 삽으로 풀을 뿌리째 파냈다. 인간의 손은 쉬지 않고 풀숲을 헤치고 삽으로 풀을 파냈다. 족도리풀 위를 기어 다니고 있던 애벌레들도 풀과 함께 어디론가 옮겨진 뒤 극진한 보살핌을 받았다. 이듬해 봄, 그들은 나비가 되어 갈라진 번데기 틈으로 기어 나와 날개를 활짝 펴고 날아오를 준비를 할 것이다. 하지만 그들은 영원히 날 수가 없다. 날개를 펼치자마자, 아름다운 모습으로 이 세상에 다시 태어나자마자, 사람들에게 독살당할 것이기 때문이다. 그들은 겉보기에는 아무런 상처 없이 온전한 모습을 간직한 채 죽어 표본으로 만들어지고 가격표가 붙여진 뒤 팔려나간다.

그러니까 인간에게 옮겨져 나비가 된 애벌레는 사실 쯔진산을 떠나는 그 순간 이미 죽은 것이나 마찬가지다.

요행히 살아남은 애벌레들은 서둘러 먹을 것을 찾으러 다니지만 족도리풀이 많이 남아 있지 않다. 숲이 파괴되면서 족도리풀도 사라졌기 때문이다.

애벌레들은 작고 보드라운 몸을 끌고 더 멀리 기어가야 한다. 먹이를 찾을 수 있을 것이라는 막연한 희망을 품은 채 열심히 앞으로 기어갈 수밖에 없다.

번데기가 되기 위한 대장정

혼자가 된 그녀는 쉬지 않고 기었지만 족도리풀은 보이지 않았다. 각자 길을 떠난 형제들도 그렇게 먹이를 찾다가 하나둘씩 숨을 거두었다. 족도리풀은 도대체 어디에 있을까?

오동나무 열매의 벌어진 틈 사이로 털 뭉치가 우수수 떨어져 떡하니 길을 가로막았다. 그녀에게는 그걸 기어서 넘는 것조차 버거웠다. 온몸이 흙투성이인 데다가 몸을 보호하기 위해 나 있는 털들이 바닥을 기면서 군데군데 꺾이고 부러졌기 때문이다. 그녀는 가까스로 털 뭉치를 넘었다. 물이 흐르는 좁은 산길과 잡초 우거진 수풀을 지나 어두컴컴한 골짜기에서 고집스럽게 기고 또 기었다. 그녀는 꼼짝도 할 수가 없었다. 어지럽게 자라난 풀이 그녀의 몸을 옭아맸다. 작고 질퍽한 웅덩이였지만 그녀에게는 절대로 건널 수 없는 수렁과도 같았다. 그녀는 몸을 뒤틀었다.

정오의 태양이 서서히 서쪽으로 기울 무렵 그녀는 드디어 풀의 올가미에서 벗어났다. 그녀는 풀 옆 진흙 위에서 몸을 잔뜩 웅송그렸다. 기진맥진해서 꼼짝도 할 수가 없었다. 그리 멀지 않은 곳에 몸을 숨길만한 잎사귀가 있었지만 거기까지 기어갈 힘이 남아 있지 않았다. 작은 새가 머리 위에서 짹짹거리고 기생벌이 왱왱거리며 날아다녔지만 그것들을 경계할 수도 없을 만큼 그녀는 지치고 배가 고팠다.

그녀는 운이 아주 좋은 편이었다. 어느 정도 기운이 돌아온 뒤 얼마 떨어지지 않은 곳에서 족도리풀을 발견했기 때문이다. 고생한 보람을 거둔 것이다. 그녀는 족도리풀을 허겁지겁 갉아먹었다. 그것은 마지막 만찬이었다.

그렇다. 마지막 만찬이었다. 이걸 배불리 먹고 난 뒤에는 그녀도 더 이상 족도리풀이 필요하지 않을 것이기 때문이었다. 그녀는 이제 아무것도 먹을 필요가 없었다. 번데기 고치 속에 웅크린 채 나

◇

풀나풀 날아오를 꿈을 꾸며 새로운 시작을 준비하면 되었다.

그녀의 모든 역경은 그 꿈을 위한 것이었다. 또 한 번의 긴 여정이 시작되었다. 이번에는 꼬박 24시간을 기었다. 마침내 축축하고 어두컴컴한 바위틈을 찾아냈다. 그곳에서 그녀는 마지막 생명의 변화를 맞이할 것이다. 그녀는 실을 토해 작은 깔개를 만들었다. 깔개가 바위에 단단히 붙었다. 그녀는 깔개 위에 몸을 펴고 누워 허리의 양옆으로 또다시 실을 자아내 바위에 붙였다. 왔다 갔다 고개를 돌리며 좌우로 실을 토해냈다. 실의 양 끝을 깔개에 붙이고 밧줄로 동여매듯 자기 몸을 돌에 고정시켰다.

실을 다 묶고 나자 갑자기 머리부터 시작해 가슴, 배까지 몸이 갈라졌다. 마치 옷의 단추가 풀리듯 양쪽이 오그라들어 그녀의 등 뒤로 들어갔다. 그녀는 격렬하게 몸을 틀어 옷을 등 뒤에서 말아 꼬리 쪽으로 미끄러뜨렸다. 버둥거리는 그녀의 몸에서 옷이 떨어져 내리고 그녀의 맨살이 드러났다.

이것은 네 번째, 그러니까 마지막 변태였다.

이제 그녀는 번데기가 되었다. 보드랍고 통통하고 새하

얀 번데기였다. 그녀의 몸이 바위에 완벽하게 달라붙었다. 이제 그녀는 그 속에서 열 달 동안 꼼짝도 하지 않고 긴 잠을 잘 것이다. 몸을 단단히 묶어놓았으니 바람에 쓸려가지도, 빗물에 씻겨 내려가지도 않을 것이다.

그런데 그 순간 그녀는 공포감에 휩싸였다. 많은 번데기들이 고치가 완전히 단단해지기 전인 바로 이때 치명적인 공격을 받기 때문이다. 공격자는 기생벌이다. 기생벌은 고치가 굳기 전인 이때에 왱왱 날아와 그들의 몸에 내려앉는다. 그리고 그들의 몸에 기다란 침을 꽂아 몸속에 알을 낳는다. 그들이 절망적으로 버둥거리는 동안 알에서 나온 기생벌 유충이 그들의 몸속에서 자란다. 그들의 몸이 먹이가 되는 것이다. 언젠가 나비로 변할 꿈을 꾸고 있던 그들은 결국 기생벌에게 먹혀 빈 껍데기만 남게 된다.

그녀는 이번에도 운이 좋았다. 그녀의 고치가 완성되었을 때 벌들의 왱왱거림이 잦아들어 거의 들리지 않았다. 그녀는 이제 긴 잠에 빠질 것이다. 단잠에서 깨어나면 날개가 생겨 날아오를 수 있을 것이다.

◇

짧은 사랑, 긴 이별

산봉우리가 아직 잠들어 있었다. 녹색은 한 점도 보이지 않았다. 무더운 여름과 추운 겨울을 견뎌낸 그녀는 마침내 고치를 뚫고 나와 날개를 펴고 봄의 상공을 너울너울 날아다닐 수 있게 되었다.

험한 산봉우리 위에 있는 손바닥 만한 평지, 그곳에 연보라색 꽃이 만발해 있었다. 그 꽃잎 사이에서 나비 한 마리가 화려한 무늬를 뽐내며 바람을 타고 춤을 추고 있었다. 그녀는 그를 보았다. 그는 도도하고 외로웠다.

그렇다. 그는 외로웠다. 그는 그녀가 고치를 뚫고 나오기 닷새 전에 이 쯔진산의 산봉우리에서 소리 없이 날아올랐다. 쉼 없이 찾고 또 기다렸지만 깊이 잠든 산은 깨어나지 않았다. 그녀의 그림자는커녕 바람 속에서 춤을 추는 그 어떤 동족과도 만날 수 없었다.

그는 이 쯔진산에 동족이라고는 오직 그녀 하나만 남았다는 사실을 몰랐다. 원래 있던 네 가족은 사라진 지 오래다. 깎아지른 듯한 절벽에서 태어난 그녀는 그의 유일한 사랑이자 그가 만나본 유일한 동족이 될 것이다.

◇

그는 텅 빈 골짜기에서 홀로 방황했다. 조금씩 초조해지기 시작했다. 그녀가 어디에 있는지, 왜 아직 그녀가 보이지 않는지 알 수가 없었다. 그의 수명은 고작 20일 남짓이었다. 그녀를 기다리는 것은 그의 일생에서 가장 중요한 일이다. 아니, 그가 사는 유일한 목적이라고 해도 크게 틀리지 않다. 제비꽃 향기 한 줄기가 바람에 실려 왔다. 그는 생각했다.

'그녀가 오겠구나.'

그녀도 이 향기를 맡았다. 연보라색 제비꽃의 향기는 장미향과 비슷하다.

제비꽃이 활짝 피면 나비들이 고치를 뚫고 나온다. 제비꽃과 나비 사이에는 신비한 관계가 있다. 제비꽃은 맑게 갠 날 오전 10시가 조금 넘은 이 시간에만 장미향과 비슷한 향기를 내뿜는다. 나비도 오전 10시가 넘어 햇볕이 날개를 따뜻하게 데워주어야만 나풀거리며 날아다닌다.

그와 그녀가 만난 곳은 제비꽃밭이었다. 사방을 둘러보아도 쯔진산에는 그들뿐이었다. 그들은 술래잡기를 하며 놀았다. 이 순간만큼은 둘만의 것이었다.

작은 나팔을 닮은 제비꽃의 깊숙한 곳에 그들을 위한 가장 달콤한 꿀이 준비되어 있었다. 이 꿀은 오직 그들만을 위한, 그들의 사랑을 위한 선물이었다. 이 사랑과 생명의 꿀은 어린 꿀벌도 들어갈 수 없을 만큼 좁고 깊은 곳에 있어서 나비의 입에 달린 긴 대롱을 뻗어야만 닿을 수 있다. 그들은 꿀을 배불리 먹고 그 대신 제비꽃의 꽃가루를 다른 곳으로 퍼뜨려준다. 20여 일 후 그들이 기력을 잃고 숨을 거둘 때 제비꽃도 시들 것이다.

제비꽃은 험한 절벽 위에서도 자랄 수 있다. 심지어 나뭇가지가 갈라진 틈에 떨어진 진흙 위에서도 뿌리를 내리고 자랄 수 있다.

그와 그녀가 제비꽃잎 위에 살포시 내려앉았다. 제비꽃은 절벽 위 팽나무의 가지 틈에서 자라고 있었다. 연보랏빛 둥근 꽃잎이 수줍고 우아하게 고개를 숙인 채 그와 그녀가 속삭이는 소리를 듣고 있는 듯했다.

오후 3시가 넘자 산꼭대기에는 채 가시지 않은 초봄의 추위가 느껴졌다. 그와 그녀는 조용히 바닥으로 내려앉아 날개를 접고 키 작은 나무 아래 자리를 잡았다. 꼼짝도 하지 않았다. 날이 어두워지고 찬바람이 불자 그녀는 잠에 빠졌다. 날개의 회색 솜털이 파르르 떨렸다.

은은한 제비꽃 향기가 또 바람에 실려 왔다. 잠에서 깨어난 그녀가 화려한 날개를 다시 펼쳤다. 몸에 스몄던 찬 기운이 햇볕에 사르르 녹아내렸다. 그녀는 다시 팽나무 위에 있는 제비꽃을 향해 날아갔다. 연보랏빛 봉오리는 벌써 그들의 사랑을 축복하는 달콤한 꿀을 준비해놓고 있었다.

그러나 그가 오지 않았다. 날개를 힘차게 파닥여 높이 날아올라 사방을 두리번거렸다.

하지만 그는 떠나버린 뒤였다.

그는 그녀의 곁을 떠나야만 했다. 자신이 늙었다는 것을 그는 알고 있었다. 날개의 비늘이 바스락거리며 부서졌다. 그녀를 만났고 또 사랑도 했으므로 자신이 초라하게 늙어 죽는 모습을 그녀에게 보여주고 싶지 않았다. 그는 외지고 조용한 곳을 찾아가 소리 없이 생을 마감하고 싶었다.

높이 날아올랐다. 하지만 아직 봄이 다 오기 전이었다. 날개의 마지막 비늘마저 떨어져 투명해졌다. 가느다란 날개맥이 도드라져 보였다. 이 쯔진산에 제일 먼저 봄소식을 알린 그가 떠날 준비를 하고 있었다. 살랑 불어온 바람에 그가 중심을 잃고 떨어져 작년 가을에 쌓인 낙엽 속으로 자취를 감추었다.

그녀는 그를 영영 만날 수 없다는 것을 알고 있었다. 하지만 그녀는 계속 살아야 했다. 내년에 그녀가 낳은 아이들이 이 산에 봄을 알려야 하기 때문이다. 그녀는 몸에 하트 모양의 작은 비늘을 달고 있었다. 그에 대한 사랑의 맹세였다.

이 적막한 산에는 그녀에게 구애할 또 다른 동족이 없었다. 10년 넘게 환경 훼손이 계속되면서 대가족이 흩어지고 사라졌다. 그녀가 유일한 생존자였다. 그녀는 마지막이 되고 싶지 않았다. 그래서 계속 살아야 했다. 사는 것이 죽는 것보다 훨씬 더 힘들지만 말이다.

그녀는 이 팽나무 가지가 닿는 절벽 위 끄트머리에 사람이 있다는 것을 알고 있었다. 잠자리채를 든 채 숨을 죽이고 있던 그 사람은 그녀가 이 산의 마지막 중국애호랑나비라는 사실을 모른다. 하지만 안다고 해도 잠자리채를 거두고 떠나지 않을 것이다.

그녀는 가장 위험한 절벽에 매달린 작은 제비꽃 주위를 맴돌았다. 언제까지 그곳에 머물러 있을 수는 없었다. 후대의 미래를 위해 산란 장소를 찾아야 했다.

끈질긴 생명의 사투

그녀가 고치를 뚫고 나오기 사흘 전에 쯔진산 족도리풀의 갈색 잎눈도 흙을 뚫고 나왔다. 4월이 막 지나면 말발굽을 닮은 족도리풀 잎사귀가 향기를 내뿜기 시작하는데 약간 알싸한 향이 감돈다. 족도리풀의 또 다른 이름인 세신細辛은 매운 향이 약하게 난다는 뜻이다.

이 족도리풀이 그녀의 후대가 먹을 유일한 먹이다. 그녀가 족도리풀을 발견하고 다가갔다.

그런데 어디선가 나타난 새가 그녀를 와락 덮쳤다. 피할 겨를도 없이 새의 부리가 그녀의 날개를 덥석 물었다. 빠져나가려다가 날개가 찢어지고 말았다. 바닥으로 추락하던 그녀가 말라 죽은 풀 위에서 멈추었다. 꼼짝도 하지 않았다. 그녀는 날개를 최대한 접고 날개 끝을 새가 있는 방향으로 틀었다. 그녀는 자신과 똑같은 색으로 누렇게 말라버린 들판 위에서 완벽하게 자취를 감추었다.

그녀를 잡으려다 놓친 새는 백로였다. 사실 백로는 가장 위협적인 적이 아니다. 그녀가 가장 두려워하는 것은 크고 두꺼운 부리를 가진 밀화부리다. 밀화부리는 어찌나 빠르고 부리가 튼튼한지 새총으로 작은 돌멩이를 쏘면 돌멩이보다 더 빠른 속도로 날아가 돌멩이를 부리로 받아낸다. 흰눈썹웃음지빠귀도 무서운 적이다. 흰눈썹웃음지빠귀는 검은지빠귀보다 아름답고 노랫소리도 훨씬 멀리까지 퍼진다. 흰눈썹웃음지빠귀들은 함께 모여 재잘대는 것을 좋아하지만 나비를 잡을 때는 그 어떤 새보다 더 사납고 잽싸다.

비록 날개가 너덜너덜해지기는 했지만 그녀는 이번에도 삶의 고비를 넘겼다. 사실 날개를 끝까지 온전하게 지켜내는 나비는 거의 없다. 늘 죽음의 그림자가 그들의 머리 위를 스치고 지나간다.

그녀는 이제 죽어도 괜찮다. 족도리풀을 찾아냈기 때문이다. 족도리풀은 작은 언덕 자락의 시내 어귀에 자라고 있었다. 주위에 키가 작은 관목덤불도 있었다. 족도리풀은 잎사귀가 3개 달렸는데 다 자라지 않은 잎이었다. 그녀는 잎

사귀로 올라가 다리로 잎의 가장자리를 단단히 붙들고 배를 잎의 뒷면을 향해 구부렸다. 몸이 U자형이 되었다. 캐비아(연어의 알)보다 작은 연녹색 알이 조르르 나와 족도리풀의 잎사귀 뒤에 나란히 줄지어 섰다.

알을 다 낳은 나비는 팔락이며 바닥으로 떨어진 뒤 다시는 날아올라 춤을 추지 못했다.

그녀는 그렇게 생을 마감했다.

그녀의 후대들이 그녀의 생명을 이어줄 수 있을까? 절망 섞인 희망을 걸 수밖에 없다.

20년 넘게 중국애호랑나비를 연구한 곤충학자 우치吳琦 선생에 따르면 쯔진산의 중국애호랑나비가 해마다 줄어들고 있다고 한다. 2008년 봄, 그가 자원봉사자 수십 명과 함께 몇십 일 동안 쯔진산을 샅샅이 뒤졌지만 발견된 중국애호랑나비는 단 두 마리뿐이었다.

5

1911년,

캐나다에서,
마지막 뉴펀들랜드늑대가
사살당하다

뉴펀들랜드 부근의 깊은 바다 밑에서

세월의 진흙이 타이태닉호 위로 천천히 쌓여가고 있다.

영원히 아물지 않는 상처를 보듬어 주듯이 말이다.

그렇다면 세월의 비바람은 베오투크 원주민들이

대서양 위에 뿌린 눈물과 늑대들의 울부짖음을

또 어떻게 날려 버릴 것인가?

뉴펀들랜드늑대

Newfoundland Wolf

완성된 타이태닉호를 바다에 띄우던 그 해에 영국인들은 뉴펀들랜드섬에서 마지막 늑대를 사살했다.

기나긴 뉴펀들랜드섬의 겨울, 눈과 얼음이 들판을 두껍게 뒤덮고 있었다. 어슴푸레한 땅거미가 내려앉을 무렵 어디선가 나타난 흰 그림자가 바람처럼 빠르게 지나갔다. 그 순간 눈 위에 드리운 달빛이 산산이 부서지고 흰 그림자도 함께 사라졌다.

늑대의 순백색 털과 쭉 뻗은 자태를 보며 어떤 이는 그에게 '꿈의 늑대'라는 시적인 별명을 붙여주기도 했다. 몸길이

2미터에 몸무게가 70킬로그램이나 되는 이 크고 무서운 늑대는 암컷과 수컷이 짝을 이루면 평생 사랑이 변치 않고 헤어지지도 않는다. 번식기인 봄과 여름에는 험한 산 속의 돌틈에 굴을 파고 새끼를 낳은 뒤 밤마다 어둠 속을 200킬로미터씩 헤매고 다니며 먹이를 잡아온다. 그런데 놀라운 사실은 사람들이 사납고 난폭하다고 여기는 이 늑대가 뉴펀들랜드 원주민인 베오투크Beothuk 부족과 아주 평화롭게 지냈었다는 점이다. 그들은 오랜 세월 동안 서로 적대시하지도, 간섭하지도 않았다. 그래서 뉴펀들랜드늑대를 '베오투크 늑대'라고 부르기도 했다.

스웨덴의 유명한 생물학자 에릭 지먼Erik Zimen이 늑대들 틈으로 들어가 연구를 하기 전에도 베오투크 원주민들은 이미 늑대와 인간, 대자연이 서로 도우며 훌륭한 조화를 이룬다는 것을 알고 있었다. 하지만 영국인들의 생각은 달랐다. 당시 영국인들은 오로지 학살하고 점령하고, 심지어 멸종시키겠다는 생각밖에 없었다.

1498년의 어느 날 석양이 질 무렵, 작은 배 한 척이 뉴펀들랜드섬으로 다가왔다. 탐험가 존 캐벗John Cabot은 배의 속도가 갑자기 줄어드는 것을 느꼈다. 무언가가 배를 가로막고 있는 것 같았다. 바로 송어였다. 헤아릴 수 없이 많은 송어가 떼를 이루어 헤엄쳐 다니고 있었다.

뉴펀들랜드의 베오투크 원주민들은 영국인이 그들의 땅에 깃발을 꽂는 것이 무엇을 의미하는지 전혀 알지 못했다. 그들은 이 낯선 방문자들에게 비버 가죽, 수달 가죽 등을 선물하며 두 팔 벌려 환영했다. 유럽 어부들은 뉴펀들랜드 해변에 천막을 세워놓고 잡은 물고기를 말리고 생선기름을 짜기 시작했고, 자신들을 환영해준 베오투크 원주민들을 붙잡아다가 노예로 부렸다. 베오투크 원주민들은 물고기가 풍부한 바다를 떠나 숲에 숨어 살면서 나무 열매와 풀에 의

지해 힘들게 살아야 했다.

뉴펀들랜드를 차지한 영국인들은 베오투크 원주민을 한 명씩 잡아올 때마다 그 대가로 토지와 가죽, 포상금을 주었다.

1800년 베오투크 원주민이 멸종되자 이번에는 베오투크 늑대들이 영국인의 표적이 되었다. 영국인들은 베오투크 원주민들에게 그랬던 것처럼 늑대를 잡아오면 한 마리에 5파운드씩 포상금을 주겠다고 선언했다. 뉴펀들랜드늑대는 강인하고 영리해서 낮에는 숨어 웅크리고 있다가 밤에 이동하는 방법으로 하루에도 200킬로미터씩 이동할 수 있었다. 펑펑 쏟아지는 눈이 늑대들의 발자국을 감쪽같이 지웠기 때문에 그들을 잡기가 여간 어려운 일이 아니었다.

하지만 똑똑한 영국인들은 아주 간편한 방법을 고안해냈다. 죽은 사슴에게 스트리크닌이라는 아주 독한 독극물을 주사했다. 그러면 이 사슴의 사체를 먹은 어미 늑대와 새끼 늑대는 물론이고 같은 먹이사슬에 속한 동물들까지 모조리 죽일 수 있었다. 1911년 대자연이 만든 걸작인 뉴펀들랜드늑대는 소리 없이 멸종되었다. 이 무렵 거의 모든 영국인들은 인간이 만든 걸작인 타이태닉호를 바다에 띄우며 환호하고 있었다.

이 유람선은 세상에서 가장 크고 가장 호화로우며 최신

설비를 갖추고 있었다. 품질 좋은 티크목과 구리로 장식한 상들리에와 벽화, 인도와 페르시아에서 수입한 카펫, 정교한 조각품과 눈이 휘둥그레질 만큼 훌륭한 예술품을 가져와 베르사유 궁전을 모방해 유람선을 꾸몄다. 사람들은 타이태닉호를 산업시대의 상징으로 여기며 자랑스러워했다. 당시 유럽인들은 자신감과 패기에 한껏 부풀어 있었고 자신들이 정복하지 못할 것은 없다며 의기양양했다. 물론 대자연까지 포함해서 말이다. 그들은 타이태닉호는 절대 가라앉지 않는다고 장담했다.

1912년 4월 15일 타이태닉호가 뉴펀들랜드 부근에서 빙하에 부딪혀 좌초되고 1,500명이 넘는 승객들이 바닷속으로 가라앉았다. 역사상 가장 큰 선박 침몰사고가 발생한 뒤 슬픔에 잠긴 사람들은 인류가 자연의 지배자가 아니라는 사실을 뼈저리게 실감했다.

뉴펀들랜드 부근의 깊은 바다 밑에서 세월의 진흙이 타이태닉호 위로 천천히 쌓여가고 있다. 영원히 아물지 않는 상처를 보듬어 주듯이 말이다. 그렇다면 세월의 비바람은 베오투크 원주민들이 대서양 위에 뿌린 눈물과 늑대들의 울부짖음을 또 어떻게 날려 버릴 것인가?

6

1936년,

태즈메이니아에서,
마지막 주머니늑대가 죽다

영국인들이 오기 전 태즈메이니아 섬에는

6천 명에서 1만 명에 달하는 원주민이 살고 있었지만,

아서 총독이 학살령을 내린 후

원주민의 수가 2천 명으로 급격히 줄어들었다.

하지만 아서는 그것으로 만족하지 못했다.

그의 목표는 원주민을 단 한 명도 남겨놓지 않는 것이었다.

태즈메이니아주머니늑대

Thylacine

마지막 주머니늑대는 오스트레일리아 호바트동물원에 있었다. 1936년 9월 7일, '벤자민'이라는 이름의 주머니늑대가 비좁은 우리 안을 절룩거리며 돌아다니고 있었다. 그는 살려달라는 신음소리를 내고 있었지만 어디에도 그를 돌보는 사육사는 보이지 않았다. 당시 오스트레일리아는 이상하리만치 밤에는 몹시 춥고 낮에는 아주 더운 이상 기온 현상이 계속되었다. 쇠약한 벤자민은 폐쇄적인 공간 속에서 기온차를 견디지 못하고 마침내 쓰러지고 말았다. 지구상의 마지막 주머니늑대는 그렇게 차가운 콘크리트 바닥에서 숨을 거두었다.

사람들은 벤자민이 죽고 난 뒤에야 주머니늑대가 얼마나 신기하고 아름다운 동물인지 깨달았다. 주머니늑대의 머리와 이빨은 늑대를 닮았지만 몸에는 호랑이와 비슷한 줄무늬가 있다. 또 하이에나처럼 네 다리로 달릴 수도 있고 캥거루처럼 뒷다리로 뛰어 다닐 수도 있다. 주머니늑대는 이름처럼 배에 아기주머니가 달려 있다. 새끼 주머니늑대는 어미의 주머니 안에서 석 달 동안 살아야 한다.

주머니늑대와 오스트레일리아 원주민들은 세상과 단절된 태즈메이니아섬에서 평화롭고 한가롭게 살아왔다. 원주민들은 돌과 조개껍질을 도구로 사용하고 야생과일, 캥거루, 풀뿌리 등을 먹으며 원시적인 방식으로 생활했지만 자유로웠다. 그러나 영국인들이 도착한 뒤 태즈메이니아에서 평화가 사라졌다. 1770년 영국인은 이 땅이 자신들의 소유임을 선포한 후 이곳을 감옥으로 삼았다. 1803년 영국은 세상과 멀리 떨어진 이곳으로 가장 흉악한 죄를 저지른 죄수들을 보내기 시작했다. 그 뒤에 발생한 모든 사건들을 돌이켜 보면 가장 흉악한 것은 멀리서 온 죄수들이 아니라 이곳의 총독인 조지 아서George Arthur였다.

아서 총독은 자신이 관리하는 영국인들에게 원주민을 산 채로 붙잡아 오면 그 대가로 성인은 5파운드, 아이는 2파운드씩 포상금을 주겠다고 했다.

영국인들이 오기 전 태즈메이니아섬에는 6천 명에서 1만 명에 달하는 원주민이 살고 있었지만, 아서 총독이 학살령을 내린 후 원주민의 수가 2천 명으로 급격히 줄어들었다. 하지만 아서는 그것으로 만족하지 못했다. 그의 목표는 원주민을 단 한 명도 남겨놓지 않는 것이었다. 그는 병사와 죄수 5천 명을 보내 원주민에 대한 마지막 소탕에 나섰다. 1832년 태즈메이니아섬에 남아 있는 원주민은 200명도 채 되지 않았고 그마저도 늙거나 병들거나 장애를 가진 이들이었다. 아서는 그들조차 내버려두지 않고 선교사를 동원하여 플린더스라는 길쭉하게 생긴 작은 섬으로 내쫓아버렸다. 그들은 그 섬의 늪과 황무지에서 스스로 살아남아야 했다.

당시 태즈메이니아에서 이런 일도 있었다. 어떤 백인이 원주민 남자를 죽이고 그의 아내를 빼앗았다. 그는 원주민 남자의 목을 베어 그 아내의 목에 걸고는 그녀에게 춤을 추며 노래를 부르게 했다. 여자는 슬픈 표정조차 지을 수 없었고 억지로 웃어야만 했다.

태즈메이니아의 마지막 원주민 남자가 죽은 것은 1869년이었다. 마지막 원주민 여자인 트루가니니Truganini는 자신이 종족의 마지막 남은 한 명이라는 것을 알고 자신을 자주 '살피러' 오는 영국인에게 자신이 죽은 뒤에 시신을 해부하지 말아 달라고 부탁했다. 하지만 1876년 그녀가 사망하자마자 영국인들은 곧장 수술칼로 그녀를 난도질했고 해부가 끝난 뒤 그녀의 유골을 오스트레일리아 호바트박물관에 전시했다.

주머니늑대가 멸종된 과정도 원주민과 매우 비슷하다. 원주민이 멸종된 후 영국 군인과 죄수들 그리고 그의 후손들이 태즈메이니아의 새로운 주인이 되었다. 그들은 주머니늑대를 '양을 죽이는 악마'로 낙인찍은 뒤 자신의 아버지 세대와 마찬가지로 주머니늑대를 잡아오는 사람들에게 포상금을 주었다. 주머니늑대는 대대적으로 도살당하면서 멸종했고 들개가 이곳의 새로운 동물의 왕이 되었다. 사람들은 그제야 자신들이 주머니늑대를 오해했음을 깨달았다. 양들의 진짜 천적은 바로 들개였던 것이다.

하지만 주머니늑대가 되살아날 수는 없었다. 오스트레일리아의 가장 큰 육식동물이 멸종되자 초식동물이 비정상적으로 급증해 목축업이 큰 타격을 입었다. 그러자 사람들이 주머니늑대를 그리워하기 시작했다. 1966년 사람들은 복잡한 심정을 담아 태즈메이니아섬 서남부를 주머니늑대 보호구역으로 지정하고 이미 사라진 주머니늑대를 보호하려 나섰다.

사무치는 그리움 때문에 1999년 오스트레일리아의 과학자들이 주머니늑대를 복제하겠다는 계획을 발표했다. 그 후 몇 년 동안 주머니늑대가 발견되었다거나 복제했다는 소식이 간간히 전해지기는 했지만 그저 떠도는 소문이었고 주머니늑대는 우리 앞에 다시 모습을 나타내지 않았다.

복제 연구팀의 과학자 중 한 명이자 오스트레일리아박물관장인 마이클 아처Michael Archer는 "주머니늑대는 오스트레일리아의 상징적인 동물이지만 오스트레일리아인에 의해 멸종당했다는 사실에 깊은 죄책감을 느낀다. 우리는 이 부끄러운 짐을 내려놓아야만 한다"고 말했다.

과학자들이 복제 방법을 찾기 위해 고심하고 있을 때 태즈메이니아 원주민 멸종의 출발지인 포트아서 감옥은 오스트레일리아에서 가장 신비한 색채를 지닌 유명 관광지로 자리매김했다. 하지만 사람들이 이곳을 찾는 것은 그 옛날 이곳에 살았던 원주민에 대한 그리움 때문이 아니라 감옥의 공포를 실감해보고 싶기 때문이다.

7

1907년,

와시카쿠치에서,
마지막 일본늑대가 죽다

원시부족의 사멸과 함께 그들에게 의지하며

살던 동물들도 멸종되었다.

가장 참담한 죽음을 맞이한 것은

아이러니하게도 대자연의 법칙을

집행하는 신으로 여겨졌던 늑대였다.

일본늑대

Japanese Wolf

사실 일본은 단일민족 국가가 아니다. 하지만 일본인들이 스스로 단일민족이라고 소리 높여 주장한 탓에 아이누족의 존재를 아는 사람은 그리 많지 않다. 그들이 현재 일본 인구의 절대다수를 차지하는 야마토족보다 더 먼저 일본 섬에 도착했음에도 불구하고 말이다. 아주 오래 전 아이누족은 일본에서 사냥을 하고 물고기를 잡으며 자유롭고 평화롭게 살았다.

가을은 연어가 번식하는 계절이다. 연어는 바다에서 강으로 거슬러 올라가 자신들이 태어난 곳으로 찾아간다. 바다에서 멀리 떨어진 숲속 깊은 곳, 강물의 흐름이 느린 곳에서 갑자기 수심이 얕아졌다. 사람들이 강바닥에 돌을 쌓아 놓았기 때문이다. 그곳을 지키고 있는 것은 긴 머리의 아이누족이었다. 그들은 갈고리가 달린 긴 작살을 들고 먼 길을 떠났다 돌아오는 연어들을 조용히 기다리고 있었다.

해가 서산으로 떨어지기도 전에 아이누족은 낚시도구를 챙겨 집으로 돌아갔다. 등에 걸머진 어망 속에서 연어가 힘차게 파닥거렸다. 그들의 그림자가 완전히 사라지기도 전에 키 작은 늑대들이 나타나 사람들이 만들어놓은 연어 낚시터를 차지했다. 물고기를 좋아하는 이 늑대들은 어깨까지의 높이가 55센티미터 정도에 몸길이도 1미터가 넘지 않는, 세상에서 가장 작은 늑대였다. 일본에서만 살기 때문에 '일본늑대'라고 불렸다.

아이누족이 마을에 도착할 무렵 멀리 숲에서 늑대들의 긴 울부짖음이 들렸다. 아이누족은 늑대를 "멀리서 길게 우는 신"이라고 불렀다. 그들은 좋은 나무를 골라 껍질을 벗기고 그 위에 늑대 그림을 새겼으며 깊은 산속에 늑대를 받드는 신사를 지어놓기도 했다. 늑대가 자연의 법칙을 집행하는 신이라는 전설도 있었다. 아이누족은 모든 영혼에게는 수호신이 있어서 그 신을 받들어 섬기면 신도 사람을 보살펴준다고 믿었다. 그래서 그들은 늑대, 곰, 복어 등에게 제사를 지냈다. 제사를 지낼 때는 동물을 모방해 사슴춤, 학춤, 여우춤, 공작춤 등을 추며 자연에 대한 존경을 표현했다.

하지만 모든 생명을 존중하던 아이누족은 정작 같은 인간으로부터 가장 잔인한 대우를 받았다. 야마토족은 그들을 내쫓고 박해했을 뿐 아니라 그들의 존재조차 인정하지 않고 일본은 단일민족 국가라고 주장했다.

아이누족은 여러 번의 전쟁에 떠밀려 홋카이도로 쫓겨났다. 현재 홋카이도의 지명 중 대부분이 아이누족의 말에서 유래된 것이다. 삿포로札幌市는 '마르고 광대한 대지'라는 뜻이고, 오타루小樽市는 '모래사장 사이의 강'이라는 뜻이며, 나요로名寄市는 '강이 있는 곳의 입구'를 의미한다.

일본 메이지유신 때 아이누족에게 가혹한 생존의 위기가 찾아왔다. 일본 정부가 그들을 숲과 평야, 푸른 바다에서 쫓아내 척박한 황무지인 '급여지'로 강제 이주시킨 것이다. 결국 그들은 일본에서 가장 가난하고 외로운 이들이 되었다. 일본 정부는 그것도 모자라 아이누어 사용을 금지하고 이름도 아이누식으로 짓지 못하게 했으며 일본어를 배우라고 강요했다. 또 아이누족에게 익숙한 사냥과 낚시를 금지하고 농사를 짓게 했다. 아이누족은 전통적인 생활방식과 풍습, 종교, 문화까지 모두 박탈당했다. 야마토족은 그들을 '새우를 닮은 오랑캐'라는 뜻으로 '에조蝦夷'라고 부르고 그들의 강제거주지를 '이모부라크薯部落'라고 했다. 이모부라크는 감자 등을 캐는 마을이라는 뜻으로 외지고 가난하고 땅도 척박한 곳을 의미했다. 아이누족은 차별과 멸시를 견디며 야마토족의 어장과 공장에서 아무도 하지 않으려 하는 험하고 힘든 일을 하고 몇 푼 안 되는 돈을 받아 근근이 생활했다. 가난 때문에 치료비가 없어 자식 열 명 중 한 명밖에 살아남지 못하는 비참한 일들도 흔했다. 지금 일본에 남아 있는 아이누족은 2만 명이 조금 넘고, 아이누어를 구사할 수 있는 사람들은 그중 15개 가구밖에 되지 않는다.

일본을 현대화시킨 메이지유신은 아이누족에게 생존에 대한 위협이었지만 일본늑대에게는 그보다 더 심한 재앙이었다. 야마토족이 늑대 무리의 서식지를 차지하는 바람에 늑대들은 계속 밀려나야 했다. 일본늑대에게는 '급여지'도 주지 않았다. 일본늑대들은 가축을 덮치고 마을에 소란을 일으키는 것 외에는 저항할 수 있는 방법이 없었다. 일본 정부는 늑대들을 '양 도둑'으로 낙인찍고 늑대를 잡아오면 포상금을 주었다. 마침내 1907년 마지막 일본늑대가 나라 현 요시노 군 와시카쿠치鷲家口에서 사살되었다.

일본늑대가 멸종되자 사슴이 늘어나기 시작했다. 일본 임야청은 일본늑대가 멸종된 지 100년도 안 되어 숲의 면적이 4,400헥타르 줄어들었다고 발표했다. 그러자 외국에서 늑대를 수입해야 한다고 주장하는 이들도 있었다.

그런데 외국의 어디서 늑대를 찾아볼 수 있을까?

이 세상에서 얼마나 많은 원시부족들이 이른바 '문명인'들에게 문명적이지 않은 방식으로 쫓겨나고 모욕당하고 박해를 받았는가! 원시부족의 사멸과 함께 그들에게 의지하며 살던 동물들도 멸종되었다. 가장 참담한 죽음을 맞이한 것은 아이러니하게도 대자연의 법칙을 집행하는 신으로 여겨졌던 늑대였다. 지난 70여 년간 아메리카대륙에서만 플로리다 검은늑대, 캐스케이드 산늑대, 뉴펀들랜드 늑대, 텍사스 회색늑대, 케나이반도늑대, 포클랜드늑대, 텍사스 붉은늑대 등 10여 가지 늑대가 멸종당했다.

1855년 아메리카 원주민 부족의 시애틀 추장은 자신의 땅에서 강제로 추방당하면서 그를 '보호지'로 쫓아냈던 백인들에게 이렇게 말했다고 한다.

"우리는 떠난다. 떠나기 전 워싱턴의 우두머리에게 한 가지 부탁이 있다. 우리가 그랬듯 당신들도 이 땅 위의 생명들을 잘 보살펴주길 바란다."

시애틀 추장은 인간이 환경과 다른 생명을 대하는 태도가 인류 자신의 운명을 결정한다는 사실을 잘 알고 있었다. 이것은 모든 인류를 위한 그의 부탁이었다. 하지만 자연의 법칙이 집행되기 전까지 그의 말에 귀를 기울이는 사람은 없었다.

말

Horse

말의 앞다리가 후들거리다가 앞으로 푹 고꾸라졌다. 머리를 들어 올리려 했지만 들 수 없었다. 말의 눈에서 눈물이 주르륵 흐르고 머리가 아래로 툭 떨어지며 바닥에 처박혔다. 커다란 몸이 옆으로 기우뚱하더니 푹 쓰러졌다.

그가 죽었다.

"가오춘高淳에서 친후다차오襟湖大橋를 건넌 다음에 강을 따라 오른쪽으로 계속 오세요. 1킬로미터 조금 못 와서 있어요."

신문에 말 판매 광고를 낸 천쿤화陳坤華가 전화기 저편에서 내게 말했다.

2004년 11월 4일 오후.

강둑이 띠처럼 길게 이어져 있었다. 제방의 오른쪽은 넓은 강이고 왼쪽으로 펼쳐진 논밭 사이에 듬성듬성 농가가 보였다.

제방의 왼쪽 저 멀리 언덕배기에 작고 검은 점 하나가 외롭게 서 있었다.

어린 말이었다.

말은 허공을 바라보는 듯 고개를 비스듬히 올린 채 꼼짝도 하지 않았다.

적갈색의 어린 말이었다.

내가 다가가자 말은 고개를 돌려 주춤거리며 한 바퀴 돌고는 고개를 들고 멈추었다.

말이 나를 보았다.

주인을 싫어하는 말

천쿤화가 다가왔다. 키가 크고 후리후리한 젊은이였다. 그가 미소를 지었다. 나중에 안 사실이지만 그는 가만히 있

을 때에도 늘 웃는 상이었다.

천쿤화의 집은 강둑 아래에 있었다. 여든이 넘은 그의 할머니가 뒷문에 서서 인자한 미소로 우리를 바라보고 있었다. 천쿤화를 따라 집 앞마당으로 가니 어린 누렁강아지 한 마리가 내 뒤를 따라다니며 기를 쓰고 짖어댔다.

"보통 사람은 저 말을 못 길러요."

천쿤화가 앞마당에 널려 있는 콩을 빗자루로 쓸어내 빈 자리를 만들고 의자 두 개를 가져다놓았다.

"말을 안 들어서 타지 못할 거예요."

의자에 앉자마자 천쿤화는 그 말이 얼마나 성미가 고약하고 길들이기 힘든지 일장연설을 늘어놓았다. 말 사러 온 사람을 일부러 겁주려는 것 같았다.

설마 팔기 싫은 걸까? 그렇다면 굳이 신문에 광고를 낼 필요도 없을 텐데? 의아한 생각이 들었다.

"저 놈 발굽에 수도 없이 차였어요. 한 번은 엄지손가락이 잘릴 뻔 했다니까요. 지금은 흉터가 거의 없어졌지만요."

천쿤화가 오른손 엄지손가락을 치켜세우며 말을 이었다.

"비가 오는 날이었어요. 녀석을 집으로 끌고 들어오면서 고삐 줄을 손에 감았어요. 그런데 녀석이 느닷없이 펄쩍 뛰어오르더니 밖으로 달리지 뭡니까? 그 바람에 고삐 줄이 확 당겨지면서 손가락을 바짝 조였어요. 어찌나 아프던지 손가락이 잘리는 줄 알았다니까요? 몇 달이 지나도록 이 손가락을 못 움직였어요. 그땐 정말 저 놈을 죽여 버리고 싶었는데 산 생명을 죽일 수가 없어서 차라리 팔아버리자 생각한 거예요.

저 녀석은 나와도 안 친하고 내 사촌동생과도 안 친해요. 원래 내 사촌동생이 사온 건데 기를 수도 없고 기르기도 싫대요. 녀석의 아비와 어미도 같이 사왔는데 다 죽었죠. 그때 사촌동생이 상심이 커서 남은 한 마리를 제게 보낸 거예요. 사촌동생은 아예 타지로 떠나버렸어요.

녀석을 집에 데려와서 깨끗이 씻기고 제일 좋은 사료를 먹여가며 애지중지 길렀죠. 내가 말을 좋아해요.

그런데 내가 등에 올라타니까 녀석이 펄쩍 뛰어서 절 내동댕이치지 뭐예요?

밟히지 않은 게 천만다행이에요. 말이 발길질하면 책상다리도 부러져요. 화가 나서 녀석을 전신주에 묶어 놓고 막

◇

대기로 때렸죠.

때리면 고분고분해지겠거니 했죠. 그런데 웬걸. 다시 올라탔더니 이번에는 길가의 전신주를 향해 달려드는 겁니다. 저를 떨어뜨리려고 말이죠. 잽싸게 말 등에서 뛰어내렸어요. 조금만 늦었어도 저놈이 날 전신주에 메다꽂았을 거예요.

하는 수 없이 또 때렸어요.

그런데 그 뒤로는 녀석이 나만 보면 무서워서 슬슬 피하지 뭐예요? 건초를 먹이고 물을 줘도 내가 다가가기만 하면 뒤로 슬금슬금 피하고 내가 멀리 떨어져야 다시 와서 건초를 먹어요. 먹으면서도 귀를 바짝 세우고 경계하다가 내가 조금이라도 움직이면 화들짝 놀라서 도망치죠.

하도 여러 번 때렸더니 날 미워하게 됐나 봐요. 날 원수로 여기는 거죠. 원래 가족들이 다 반대하는 걸 내가 좋아서 데려온 거예요. 그래서 녀석을 돌보는 사람이 나밖에 없어요. 그런데 낮에는 저도 일을 해야 하잖아요. 아무리 바빠도 녀석을 대신 돌볼 사람이 없어요. 그런데도 저 놈이 날 싫어하니 난감하기 짝이 없어요. 무슨 생각을 하고 있는지 도통 알 수가 없어요.

녀석은 날마다 강둑 아래 서 있어요. 내가 하루 종일 집에 없으니 돌봐주는 사람도 없고 저렇게 멀거니 서 있기만 해요. 같이 어울릴 동물도 없고요. 여긴 강아지 한 마리밖에 없는데 녀석은 강아지를 거들떠보지도 않아요.

아마도 제 부모를 그리워하는 것 같아요. 멀리서 세 마리가 같이 왔다가 두 마리가 갑자기 죽고 새끼만 남았으니까요. 부모가 그리워서 그러는 거라면 큰일이에요. 암말이 죽고 나서 수말도 따라 죽었거든요.

두 마리가 죽은 지 한참 되도록 살아 있는 걸 보면 아직 어리고 철이 없어서 그럴 거예요. 녀석이 하는 짓을 봐도 우울증에 걸린 것 같진 않으니까요. 외롭긴 하겠죠. 아, 이건 그저 제 추측이에요. 저라고 뭐 저 녀석 속을 알 리가 있겠어요?

말 기르는 법에 대한 책을 사서 읽어볼까 생각도 했어요. 가오춘의 서점을 전부 돌아다녀도 못 구해서 난징南京까지 갔지만 한 권도 없었어요. 수소문을 해서 간신히 서너 권 구하긴 했는데 소용이 없었어요. 너무 간단해서 말이에요. 말

◇

과 사이가 좋아지는 법을 가르쳐주는 책은 없더군요.

그래서 팔기로 했어요. 가족들이 날마다 불평을 해대서 못 살겠어요. 가오춘에서 장난감가게를 하는 아저씨가 한 분 계세요. 그 아저씨와 얘기를 하다가 이놈을 도저히 키울 수가 없어서 광고를 냈다고 했더니 아저씨가 빙그레 웃으면서 젊었을 때 얘기를 들려주더군요.

'젊었을 때 나도 소를 키웠지. 흰 소였어. 멀리 있다가도 내가 한 번 부르면 냉큼 달려왔지. 내가 얘기를 하면 알아듣는 것처럼 눈을 끔벅끔벅했다니까. 그놈이 죽었을 때 내가 몇 날 며칠을 울었어. 그 뒤로는 아무 것도 안 키웠지. 아둔한 소도 그러는데 말이 그러지 못할 이유가 없어. 말은 주인이랑 마음이 통해. 어떻게 했길래 말이 자넬 원수 보듯 하는 거야?'

그 얘기에 어찌나 얼굴이 화끈거리는지 아무 말도 못했어요.

그래서 도서관으로 달려갔죠. 사서가 컴퓨터로 조회해 보더니 소설 말고도 말에 대한 책이 몇 권 있다며 찾아다줬어요. 그런데 그것도 나한텐 아무 쓸모가 없는 책이었어요.

《동물 그리는 법》 같은 책들이었으니까요.

누가 그러는데 옛날에 전쟁터에서 기병이 죽으면 말이 제 주인을 둘러업고 돌아왔다더라고요. 아무 소리도 내지 않고 조용히 걸었대요. 요즘은 녀석을 때리지 않는데도 내게 관심이 없어요. 겁을 주지도 않고 일부러 살갑게 굴지도 않고 편한 친구처럼 대했는데도 말이에요. 저 녀석의 마음을 돌릴 수 있는 방법이 있긴 하겠죠?"

"도대체 말을 팔 거예요, 말 거예요?"

내 물음에 천쿤화가 헤헤 웃었다.

말과의 첫 만남

천쿤화의 사촌 동생은 장張 씨였다. 장 씨 청년의 집은 천쿤화의 집에서 동쪽으로 2~3킬로미터 떨어져 있었다. 그 청년이 말을 사왔다고 했다. 2002년 청년이 몇만 위안을 가지고 길을 떠났다. 말을 사려고 몇 년 동안 허리띠를 졸라매서 모은 돈이라고 했다. 청년은 허베이河北 창저우滄州에 좋은 말이 있다는 소식을 듣고 창저우행 기차에 올랐다.

창저우에 도착해 물어물어 마시장을 찾기는 했지만 시장

을 아무리 둘러보아도 마음에 드는 말이 없었다. 청년은 창저우 곳곳을 돌아다니며 마음에 드는 말을 찾기 시작했다. 그렇게 10여 일 동안 돌아다닌 끝에 드디어 마음에 쏙 드는 말을 발견했다. 한 농가에서 기르는 백마였다. 다른 색깔의 털은 하나도 섞이지 않은 완벽한 백마였다. 하지만 말 주인이 팔지 않으려고 했다.

◇

청년은 처음 부른 가격에서 두 번을 더 올리며 말을 팔라고 졸랐다.

그러자 농부는 다른 적갈색 수말과 생후 6개월 된 망아지를 함께 사 가는 조건으로 백마를 팔겠다고 했다. 청년은 길게 생각할 것도 없이 동의했다. 적갈색 수말과 망아지도 마음에 들었기 때문이다.

날이 밝기도 전 말을 싣고 갈 트럭이 도착했다. 먼저 백마를 마구간에서 끌고 나왔지만 트럭에 타기를 거부했다. 바닥에 앉아 무릎으로 땅을 딛고 버티는 통에 아무리 잡아당겨도 꼼짝도 하지 않았다. 몽둥이로 때리면 일으킬 수 있었지만 농부는 절대 때리지 않았다. 농부는 말들을 몹시 사랑했고 청년 역시 마찬가지였다. 말이 떠나는 것을 보고 아이가 계속 울자 농부가 아이를 집안으로 들여보냈다. 트럭 운전수가 망아지를 밀어 차에 태운 뒤 백마를 다시 끌어당기자 이번에는 백마가 순순히 차에 올랐다. 적갈색 말도 차에 올랐다.

가오춘에 도착했다. 다리 건너편에 넓은 평지가 펼쳐져 있었다. 자연 그대로의 목장이었다. 청년은 말들이 지낼 마구간을 만들어주었다.

마구간의 앞쪽은 강이고 그 강 너머에 들판이 있으며, 마구간 뒤쪽에는 높은 제방이 있었다. 제방을 넘으면 넓은 호수였다. 2002년 가을, 관광지로 유명한 이 호수에 사람들이 모여들었다. 청년은 관광객들에게 돈을 받고 말을 태워주었다. 말이 신나게 달리자 말 등에 탄 사람이 새된 비명을 지르며 즐거워하고 발굽이 닫는 곳마다 축축한 진흙이 사방으로 날아올랐다. 마구간 뒤 제방에 노란 들국화가 흐드러지게 피었다. 인공제방이지만 들국화가 필 때면 자연과 하나가 된 듯 주변 풍경과 잘 어우러졌다. 강가의 갈대가 점점 무성해졌다. 말들이 온 뒤로 강, 들판, 갈대숲, 하늘이 만들어낸 멋진 풍경에 한층 생기가 돌았다.

사람들은 말을 타고 다리를 건너 강 너머로 가곤 했다. 백마와 적갈색 말이 들판을 달리다가 가끔씩 우뚝 멈추어 서서 강 건너에 있는 서로를 쳐다보며 힝힝 울곤 했다.

배가 고플 때처럼 낮게 우는 것도 아니고 우렁차게 울어대는 것도 아니었다. 말로 표현할 수는 없지만 일정한 리듬이 있었다. 그 소리를 들으면 청년도 괜스레 기분이 좋

◇

아졌다.

새끼 말은 아직 어려서 탈 수가 없기 때문에 다른 곳에서 따로 길렀다. 저녁 무렵에 백마와 적갈색 말이 마구간으로 돌아오면 오롯이 둘만 지내야 했다. 주인의 집도 멀었다. 날이 저물면 간간히 날아오는 새들 말고는 찾아오는 이가 없었다. 낮 동안의 왁자함은 온데간데없이 사라지고 갈대가 바람에 스치는 소리, 제방에서 불어오는 바람 소리, 호수의 물결치는 소리만 고즈넉하게 들렸다. 그러면 말들은 머리를 맞대고 낮게 울며 긴 꼬리를 흔들다가 고개를 들어 강물을 쳐다보곤 했다.

그리움 속에 죽다

2003년 5월 청년의 목장이 조용해졌다. 호흡기증후군 사스SARS가 유행하면서 사람들의 발길이 뚝 끊긴 것이다.

한 달 뒤 사스 유행은 진정되었지만 청년의 목장은 예전 같은 활기를 회복하지 못했다. 여름이 오고 날씨가 점점 더 워졌다.

관광객이 오지 않으니 청년도 더는 버티기가 힘들었다.

말 사육 비용을 감당하기가 벅찼다. 청년은 말 사육 비용을 벌기 위해 상하이上海로 떠나면서 이웃 노인에게 말들을 돌봐달라고 부탁했다.

2003년 8월 23일, 청년이 상하이에 와서 용접공으로 일한 지 한 달이 되었을 때였다. 첫 달 월급도 아직 받지 못한 그때 백마가 죽었다는 소식이 전해졌다. 열사병이라고 했다.

청년은 급하게 고향으로 내려가 백마가 날마다 달리던 길에 구덩이를 파고 묻어주었다.

적갈색 수말이 멀찌감치 서서 그 모습을 지켜보았다.

우두커니 선 채 꼼짝도 하지 않았다.

청년은 수말을 더 살뜰히 보살폈다. 혹시나 수말도 열사병으로 죽을까 봐 좋은 사료를 골라 먹이고 자주 목욕을 시켜주며 거의 온종일 곁을 지켰다.

하지만 수말은 마구간 밖으로 나가지 않고 백마가 묻힌 작은 무덤을 우두커니 쳐다보기만 했다. 멀리 떨어져 있어서 아무것도 보이지 않는데도 무덤 쪽만 쳐다보았다.

건초를 코앞에 가져다 대고 물을 입가에 대주어도 꿈쩍

도 하지 않고 멀거니 쳐다보기만 했다.

청년은 겁이 더럭 났다. 고삐를 당겨 억지로 말 머리를 다른 쪽으로 돌려도 고삐가 조금만 느슨해지면 말은 바로 머리를 돌려서 그쪽을 쳐다보았다. 등을 토닥이고 털을 빗어주며 얘기를 해도 청년에게 눈길 한 번 주지 않았다.

수말은 그렇게 짝의 무덤만 바라보며 먹지도 않고 울지도 않았다. 날이 저물고 밤이 되어도 그 자리에서 꼼짝도 하지 않고 서 있었다.

사흘째 되는 날 수의사를 여러 명이나 불러왔지만 말이 왜 그러는지 아무도 알지 못했다.

청년이 눈물을 흘리며 말의 목을 쓰다듬어도 말은 돌아보지 않았다. 생명을 잃고 화석이 되어버린 것처럼 아무것도 먹지 않았다.

나흘째 되던 날에도 마찬가지였다. 수말은 마구간에 선 채 묵묵히 백마가 있는 쪽을 쳐다보았다. 다른 곳으로 옮기려고 고삐 줄을 잡아당겨 보았지만 요지부동이었다. 고삐 줄에 이끌려 몸이 옆으로 돌아가도 머리는 고집스럽게 그 쪽을 향했다. 백마가 있는 곳에서 한 순간도 눈을 떼지 않으려는 것 같았다.

닷새째 되던 날에도 수말은 물 한 모금, 건초 한 오라기 먹지 않았다. 청년이 말 옆에 털썩 주저앉았다. 어떻게 하면 좋을까? 어떻게 하면 말에게 이 애타는 마음을 전할 수 있을까? 말은 소리 없이 먼 곳만 응시했다. 눈물을 흘리지도 않았다. 꼼짝도 하지 않고 선 채로 강가에 있는 작은 무덤을 바라보기만 했다.

그렇게 엿새가 흘렀다. 청년은 차마 두고 볼 수가 없었다.

◇

사람도 동물도 그렇게 상심한 모습은 본 적이 없었다. 수말은 마치 무덤 속에 묻힌 백마가 보이는 것처럼 그쪽만 뚫어지게 바라보았다. 청년은 그러다 말이 죽을 것 같아 괴로웠다.

백마가 죽은 뒤 엿새째, 수말이 조각상처럼 서 있는 것도 엿새째였다.

그날 정오 무렵.

말의 앞다리가 후들거리다가 앞으로 푹 고꾸라졌다. 머리를 들어 올리려 했지만 들 수 없었다. 말의 눈에서 눈물이 굴러 떨어졌다. 말의 머리가 아래로 툭 떨어지며 바닥에 처박혔다. 말의 커다란 몸이 옆으로 기우뚱하더니 푹 쓰러졌다.

그가 죽었다.

청년은 수말을 백마의 무덤 옆에 묻어주었다. 청년은 새끼 말을 이곳으로 데려오지 않고 사촌형인 천군화에게 보낸 뒤 고향을 떠났다.

그는 이곳을 잊고 싶은 듯 다시는 자신의 목장으로 돌아오지 않았다.

11월 4일 오후, 우리는 엷은 햇볕이 비끼는 농가의 문 앞에 앉아 있었다. 천쿤화는 내게 백마와 적갈색 말의 이야기를 들려주었다.

석양이 진 뒤 직접 목장에 가보고 싶었다. 천쿤화가 앞장섰다. 세 살이 된 새끼 말이 제방의 비탈에 서서 물끄러미 나를 쳐다보았다.

새끼 말의 눈빛은 모든 것을 꿰뚫어 보는 듯 맑고 투명했다. 말의 긴 고삐 줄이 말뚝에 묶여 있어 고삐 줄이 닿는 곳까지만 갈 수 있었다.

천쿤화가 말했다.

"녀석을 탄 지 오래됐어요. 녀석도 날 태우는 걸 싫어하기도 하고요. 진흙이 없는 길은 걸을 수 있지만 시멘트 길을 걸으면 발이 아프잖아요. 그래서 이 제방 아래서만 지내죠."

세 살이 된 적갈색 어린 말

에게서 제법 늠름한 기세가 느껴졌다. 그 말은 부모가 죽은 뒤 다시는 동족을 만나지 못했다.

다리 위에 서자 마구간이 보였다. 제방 위 마구간으로 난 길은 지워지고 잡초만 무성했다. 잡초를 헤치며 간신히 걸어 마구간에 다다랐다. 마구간은 거의 허물어져 있었다. 나무 기둥 몇 개가 비스듬히 서 있고 지붕은 군데군데 뚫린 채 내려앉아 있었다. 사람 키보다 더 큰 잡초가 마구간을 겹겹이 에워싸고 있지만 마구간 앞에는 여전히 들국화가 흐드러지게 피어 있었다.

말의 무덤도 흔적조차 찾을 수 없었다. 관광객으로 북적였던 목장에 잡초가 우거져 황량하기 짝이 없었다. 을씨년스런 가을바람이 불어 드넓은 목장이 더없이 처량하고 스산했다. 지난 여름에 넘친 강물 때문에 목장 곳곳에 웅덩이가 파여 있었고 암말과 수말의 무덤도 그렇게 사라졌다.

이곳에서 무슨 일이 있었는지 이제는 아무도 알지 못했다. 어디선가 흰 물새가 날아와 강 위에 물수제비를 뜨고 머리 위로 지나갔다. 물새는 이름 모를 누군가의 영혼처럼 버려진 목장을 가로질러 물과 하늘이 맞닿는 곳에서 가물거리며 사라졌다.

◇

8

2003년,

파키스탄에서,
모래고양이가 멸종위기에
처하다

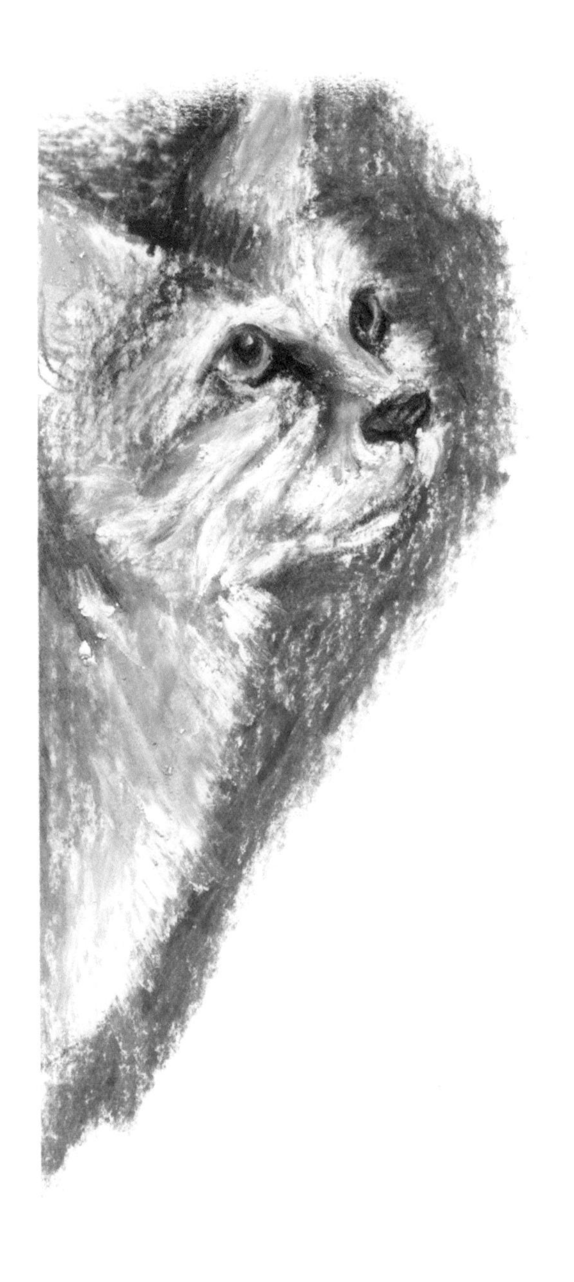

사람들은 "성격이 운명을 결정한다"고들 말한다.

그런데 이 말은 모래고양이에게도 똑같이 적용된다.

매와 뱀도 두려워하는 사막에서 특유의 용기와 강인함으로

꿋꿋이 살아남은 모래고양이를 멸종시킨 것은

바로 그들의 온순함이었다.

파키스탄모래고양이

Pakistan Sand Cat

고양이는 보통 의자 다리에 기대어 꾸벅꾸벅 졸 때마다 나른한 소리로 갸르릉대곤 한다. 노인들은 그걸 보며 "고양이가 염불한다"고 한다. 나중에 청나라 시대의 문인 장대張岱가 쓴 《야항선夜航船》을 읽은 뒤 노인들의 말이 그냥 하는 표현이 아니라는 것을 알았다. 《야항선》을 보면 당나라 때 삼장법사三藏法師가 서역에서 불경을 가지고 오면서 고양이를 데려온다. 쥐들이 불경을 갉아먹지 못하게 하려는 것이었다. 그런데 그걸 모르는 사람들은 고양이들이 불경 주위를 늘 맴도는 것을 보고 고양이가 불경을 읽는다고 믿었다.

중국에서는 불교가 오랫동안 전해 내려오고 있지만 정작 불교가 생겨난 인도에서는 점점 쇠퇴한 것과 마찬가지로 인도에서 중국으로 건너온 고양이는 빠르게 번식하며 나날이 늘어났지만 인도에서 고양이는 서서히 멸종위기에 처했다.

그 주인공이 바로 파키스탄모래고양이다. 당시에는 파키스탄과 인도가 한 나라였고 영국인들이 지배하고 있었다. 인도와 파키스탄은 1947년에 마운트배튼 계획Mountbatten Plan에 따라 분리되었다.

모래고양이는 아주 오랜 세월을 거쳐 사막에서 살기에 적합한 형태로 진화했을 것이다. 털이 빽빽해서 밤이 되면 사막을 찾아오는 살을 에는 추위를 견딜 수 있으며, 발바닥의 볼록한 살인 육구에는 두껍고 긴 털이 나 있어 태양 볕에 뜨겁게 달구어진 모래 위를 걸어도 화상을 입지 않는다. 또 모래고양이의 큰 귀는 드넓은 사막에서 먹잇감이 내는 아주 미세한 소리를 들을 수 있다. 쥐, 토끼, 작은 새, 도마뱀 등이 모래고양이의 먹이다. 때로는 모래고양이가 뱀과 싸움을 벌이기도 한다. 모래고양이는 한 번에 새끼 5~6마리를 낳지만 호시탐탐 노리는 뱀들 때문에 그중 대부분이 살아남지 못한다. 새끼를 잃은 모래고양이는 날카로운 발톱

을 세우고 번개처럼 돌진해 뱀을 때려 기절시키는데 가끔은 그러다가 뱀의 독이빨에 물려 죽기도 한다. 삶이란 이처럼 잔인한 것이다.

모래고양이는 뱀과 죽기 살기로 싸울 만큼 용감하지만 사람에게는 이상하리만치 온순하다. 모래고양이의 불행은 유럽인들에게 애완용으로 길러지면서부터 시작되었다. 사람들이 사막으로 몰려가 모래고양이를 잡아다가 유럽과 아프리카로 팔아넘겼다. 사막에서 야생으로 살던 그들이지만 사람의 집에서 애완용으로 길러지는 것에 아무런 저항도 하지 않고 순순히 따랐다. 다만 번식을 하지 않았을 뿐이다. 게다가 인간의 호흡기 질병이 그들에게는 치료 불가능한 치명적인 병이다. 이 때문에 모래고양이는 사람의 보호와 사랑 속에서 점점 죽어갔다. 사람들은 "성격이 운명을 결정한다"고들 말한다. 그런데 이 말은 모래고양이에게도 똑같이 적용된다. 매와 뱀도 두려워하는 사막에서 특유의 용기와 강인함으로 꿋꿋이 살아남은 모래고양이를 멸종시킨 것은 바로 그들의 온순함이었다.

인간은 예쁘고 사랑스러운 모래고양이를 그토록 좋아하면서 또 어째서 그리 비정하게 그들을 멸종위기로 내몰았을까? 토마스 만Thomas Mann은 자신의 소설《토비아스 민더니켈Tobias Mindernickel》에서 이 복잡한 심리를 생생하게 묘사했다. 주인공 토비아스는 자신이 기르는 강아지가 상처를 입자 잠시도 곁을 떠나지 않고 따뜻하게 보살핀다. 하지만 강아지가 건강을 회복해 활발하게 뛰어다니자 강아지를 향한 질투심을 참지 못하고 강아지의 가슴을 칼로 찌른다. 인간은 따뜻함과 잔인함, 아름다움과 추악함이라는 상반된 감정을 한꺼번에 가지고 있으며 그것들이 교차되어 나타난다. 이처럼 비열하고 어리석고 가련한 토비아스는 바로 우리 모두의 모습이다. 사실 우리는 사랑을 앞세워 타인에게 상처를 입히고 다른 생물을 해치고 있다.

수많은 동물을 가두어 놓은 동물원 곳곳에서 '아이들이 자연과 가까워질 수 있는 낙원', '동물을 아끼고 사랑해주세요'라는 표어가 붙어 있는 것만 봐도 그렇다. 중국의 3천여 개 도시마다 동물원이 있고 대도시에는 동물원이 몇 개씩 있기도 하다. 그렇다면 얼마나 많은 동물들이 고향을 잃어버린 걸까? 얼마나 많은 동물들이 자유를 잃고 쇠창살에 갇혀 살고 있는 걸까? 얼마나 많은 동물들이 오랜 세월 지켜온 자연적인 습성을 잃어버린 걸까? 그들은 인위적인 환경에서 사육당하는 데 익숙해지고 죽음에 길들여진 후 모래 고양이처럼 서서히 멸종되고 있다.

동물의 멸종은 거의 모두 인간이 그들의 서식지를 파괴하기 때문이다. 하지만 모래고양이들에게는 인간의 환경 파괴가 오히려 서식지인 사막의 확장을 의미한다. 그러나 지금 모래고양이는 멸종될 위기에 처해 있다. 이것은 모래 고양이에 대한 조롱일까, 아니면 인간을 향한 대자연의 조롱일까?

나는 인간의 권리만큼
동물의 권리도 소중하게 생각합니다.
그것이 모든 인류가 나아가야 할 길입니다.

_에이브러햄 링컨
Abraham Lincoln, 전 미국 대통령

9

1966년,

마다가스카르에서, 아이아이 아홉 마리를 찾다

100여 년 전 마다가스카르 사람들도

무지와 공포 때문에 죄 없는 아이아이를 대대적으로

잡아 죽였다. 하지만 우리는 그들을 비웃을 자격이 없다.

지금 우리도 공포와 맞닥뜨리면

그들처럼 어리석게 칼을 뽑아들기 때문이다.

아이아이

Aye-aye

파티가 끝난 뒤 등불이 하나둘씩 꺼지고 사람들의 목소리도 점점 잦아들었다. 마다가스카르의 어두운 숲속에서 잔뜩 쉰 새 울음소리와 이름 모를 들짐승의 낮은 으르렁거림이 간간히 들려왔다. 원주민 타나는 친구인 토바를 배웅하면서도 계속 가지 말라고 붙잡았다. 요즘 흉악한 귀신이 밤새도록 숲속을 헤맨다는 무시무시한 소문이 떠돌고 있었기 때문이다. 하지만 토바는 헛소문을 믿지 말라며 웃음을 터뜨렸다. 토바는 친구에게 손을 흔들며 혼자 어둠 속으로 걸어갔다.

어슴푸레한 달빛 아래에서 시커먼 그림자가 불쑥 튀어나왔다. 두 눈동자가 초록빛을 내뿜으며 그녀를 뚫어져라 노려보았다. 머리 위에 비죽하게 솟은 귀가 기괴하게 움직였다. 토바가 소스라치게 놀라 비명을 질렀다.

"귀신이다!"

괴물이 놀라 입을 벌리자 새하얀 송곳니 4개가 번뜩였다. 괴물은 입을 가늘게 찢으며 섬뜩한 미소를 짓더니 몸을 돌려 털이 풍성한 큰 꼬리를 매달고 캥거루처럼 폴짝폴짝 뛰어 숲속으로 모습을 감추었다. 토바가 엉엉 울며 집으로 달음박질을 쳤다. 멀리 숲속에서 괴물의 흐느낌 같은 탄식이 들려왔다.

"아이, 아이! 아이, 아이!"

집으로 돌아간 토바는 그날 밤 고열이 나고 헛소리를 하며 시름시름 앓았다. 마을 사람들은 불안에 떨며 대문에 귀신 쫓는 부적을 붙여놓고, 귀신을 잡겠다며 무기를 들고 사방을 뒤졌다.

사실 이 '섬뜩한 귀신'은 마다가스카르섬에서 '손가락원숭이'라고도 불리는 아이아이다. 마다가스카르섬은 모잠비크 해협을 사이에 두고 아프리카에서 멀리 떨어져 있다.

1억6천만 년 전에 대륙에서 떨어져 나왔기 때문에 독특한 동식물이 많이 서식하고 있다. 마다가스카르섬에 사는 동식물 중 70퍼센트가 다른 지역에서는 살지 않는 특이한 생물종이다. 아이아이도 그중 하나다. 밤샘으로 초췌해진 다람쥐처럼 생긴 이 작은 동물을 손가락원숭이라고 부르는 것은 특이하게 생긴 가운뎃손가락 때문이다. 가운뎃손가락이 철사처럼 가늘고 길며 단단하면서도 유연해서 자유자재로 돌릴 수 있다. 이 원숭이는 밤이 되고 어둠이 깔리면 나무 꼭대기에 있는 둥지에서 나와 길고 가는 가운뎃손가락으로 나무를 두드린 뒤 귀를 바짝 대고 유심히 소리를 듣는다. 박쥐처럼 뾰족한 귀로 나무 속 깊숙이 파고들어가 있는 벌레 소리를 들을 수 있기 때문이다. 아이아이는 벌레를 발견하면 우선 앞니로 나무껍질을 갉아낸 다음 길고 가느다란 가운뎃손가락을 구멍 속에 집어넣어 벌레를 꺼낸 뒤 납작하게 눌러 냉큼 입에 넣는다. 아이아이가 제일 좋아하는 먹이는 풍뎅이 애벌레다.

이 작은 동물은 딱따구리를 대신해 마다가스카르의 숲을 지키는 막중한 임무를 맡고 있다. 하지만 생김새가 사람들에게 반감을 일으킨다. 몸은 검고 얼굴은 잿빛이며 입이 쥐처럼 뾰족하게 튀어나오고 이빨도 툭 불거져 나와 있다. 게다가 동그란 두 눈이 깜깜한 밤에 초록빛을 내며 반짝이고 귀신처럼 폴짝폴짝 뛰어다닌다. 어린 아이가 흐느끼는 듯 '아이, 아이' 하는 울음소리는 듣기만 해도 소름이 돋을 지경이다. 마다가스카르에는 아이아이가 긴 손가락으로 가리키는 사람은 머지않아 죽는다는 미신이 있다. 사람들이 아이아이를 잡아 그 사체를 길가의 말뚝에 걸어놓곤 했는데 그렇게 하면 그 길을 지나는 사람들의 액운을 이 원숭이가 대신 가지고 갈 거라고 생각했다. 20세기 초까지도 마다가스카르 사람들은 아이아이의 저주를 피하는 방법은 이것뿐이라고 믿었다.

움직임이 날렵하고 조심성이 많은 아이아이는 자기보호 능력도 다른 원숭이들보다 훨씬 뛰어나다.

아이아이는 침범을 당하면 격렬하게 저항하며 싸운다. 절대 타협하지 않고 금속으로 유리를 긁는 것 같은 고약한 소리를 내기도 한다. 하지만 인간에게 이런 저항쯤은 아무 것도 아니다. 아이아이는 1933년 멸종됐다고 알려졌다.

1960년 프랑스 식민통치를 벗어난 마다가스카르인들은 환경과 생물종 보호가 가장 시급하다는 것을 알았다. 마다

가스카르 정부는 사라진 아이아이를 찾기 시작했다. 1966년까지 몇 년 동안 마다가스카르 전역을 샅샅이 뒤졌지만 고작 아홉 마리를 찾아냈을 뿐이다. 그들은 이 마지막 남은 아이아이들이 스스로 종족을 퍼트리기를 바라며 노시만가베Nosy Mangabe섬에 풀어놓았다.

반 룬Hendrik W. Van Loon은 《관용Tolerance》에서 원시인들은 독성을 가진 식물 아이비에 찔리면 귀신이 해코지한 것이라고 생각해서 귀신의 화를 달래기 위해 무당을 찾아가 부적을 써왔다고 했다. 무지한 원시인들은 공포 속에서 생존 방법을 찾아 헤매다가 두려움에 떨며 죽어갔다. 가끔은 무지와 공포가 인간을 잔인하게 만들기도 한다. 100여 년 전 마다가스카르 사람들도 무지와 공포 때문에 죄 없는 아이아이를 대대적으로 잡아 죽였다.

하지만 우리는 그들을 비웃을 자격이 없다. 지금 우리도 공포와 맞닥뜨리면 그들처럼 어리석게 칼을 뽑아들기 때문이다. 정확한 원인을 알 수 없는 '사스'라는 폐렴이 무섭게 번지자 사람들은 사향고양이를 몰살시켰다. 집에서 기르던 개와 고양이들까지 거리에 버려졌다. 조류독감이 급속도로 전파되자 사람들은 잠시 쉬었다 가려고 도시에 내려앉은 어린 철새까지도 모두 잡아 사살했다. 이런 식으로 세상 모든 동물을 경계한다면 그로 인한 재앙의 피해자는 바로 자신이 될 것이라는 사실을 인간만 모르고 있다.

반 룬이 말한 관용에는 사람과 사람 사이의 관용도 있지만 인간과 자연 사이의 조화도 포함된다.

10

1948년,

바스타르에서,
마지막 인도치타가
사살당하다

인간이 치타 사냥에 푹 빠져 희희낙락하고 있는 동안

치타들의 '비폭력 · 비협조' 저항은

제 종족을 축소시키는 결과만을 낳았다.

인도인들은 '비협조' 방식으로

200년간의 영국 식민통치에서 벗어나 독립했지만

인도치타는 '비협조' 방식으로 멸종한 것이다.

인도치타

Indian Cheetah

"연정을 품고 곁눈질로 웃으며 그대는 착하고 아름다운 나의 자태를 사모하는구나. 적표赤豹(붉은 표범)를 타고 얼룩 이리를 쫓으며 신이향초로 만든 수레에 계수의 깃발을 매었네."

중국 전국 시대의 시인 굴원屈原은 자신의 작품집《구가九歌》의 〈산귀山鬼〉라는 시에서 이렇게 탄식했다. 산속에 사는 여신이 님을 만나러 가는데 길이 험하여 적표를 타고 빠르게 달렸음에도 늦고 말았다. 훗날 이 여신과 적표는 수많은 화가들의 그림 속에서 되살아났다.

굴원이 묘사한 적표의 정확한 종이 무엇인지는 알 수 없지만 후대 화가들은 이 표범을 여러 모습으로 묘사했다. 아마도 인도치타가 1948년 멸종되기 전에도 중국에서는 인도치타를 본 사람이 거의 없었던 것 같다. 만약 인도치타를 보았다면 그 아름답고 신비한 그림 속에서 여신이 타고 있는 동물로 치타가 가장 제격이라고 여겼을 테니 말이다. 원나라 때 유명한 화가인 조맹조趙孟眺가 바로 그랬다. 그는 자신의 《구가도책九歌圖册》에서 적표를 민첩하고 우아한 치타의 모습으로 그렸다.

그는 치타를 본 적이 있었다. 그를 도읍인 대도大都(지금의 베이징-옮긴이)로 불렀던 쿠빌라이忽必烈가 대단한 치타 애호가였다. 쿠빌라이는 마차로 치타들을 실어다가 사냥터로 풀어놓고는 사냥감을 쫓아 맹렬하게 달리는 치타들을 흥미진진하게 구경했다.

치타를 마차로 실어 나른 것은 치타의 체력을 조금이라도 소모시키지 않기 위함이었다. 치타는 정지해 있다가도 단 2초 안에 시속 70킬로미터로 달릴 수 있고 수백 미터 내에 시속 110킬로미터까지 속력을 올릴 수 있다. 이런 속력에 지구력까지 겸비했다면 치타의 사냥감은 금세 멸종될 것이다.

하지만 다행히도 자연의 조화는 늘 균형을 이룬다. 치타는 고속 질주할 때 엄청난 열량을 내는데, 이 열량을 빨리 밖으로 배출하지 못하면 몸에 열이 과도하게 올라 탈진해 버린다. 그래서 몇백 미터를 달린 뒤에는 속력을 줄여야만 한다. 전력질주로 사냥감을 잡고 나면 기력이 소진된 치타는 사냥감을 바로 뜯어먹기 전에 일단 쉬어야 한다.

이때가 바로 사자, 하이에나, 인간 등이 치타의 사냥감을 빼앗을 수 있는 절호의 기회다. 아프리카의 마사이족도 이때를 이용해 긴 창으로 치타가 사냥한 작은 동물을 빼앗아다가 개에게 먹인다. 그러면 불쌍한 치타는 다시 사냥을 해야 한다. 하지만 연속으로 다섯 번 사냥에 실패하거나 어렵게 사냥한 동물을 빼앗기면 치타는 기진맥진해서 굶어죽는다.

영화를 보면 이집트 여왕이나 유럽 황제의 궁전에 풀이 죽은 치타 한두 마리가 웅크리고 있는 장면이 종종 등장하는데 이것은 허구가 아니다. 치타는 5천 년 전부터 사람들이 사냥용이나 애완용으로 기르기도 하고 타고 다니기도 했다. 심지어 인도 무굴제국의 아크바르Akbar 왕은 치타를 한꺼번에 수천 마리나 우리에 가두어 놓고 길렀다. 사냥감에게는 사납지만 인간에게는 한없이 온순한 치타가 인간을 덮쳤다는 기록은 거의 찾을 수가 없다.

하지만 인간은 관상용과 애완용으로 치타를 수없이 잡아 가두었다. 그런데 사람들은 놀라운 사실을 발견했다. 우리 안에 갇힌 치타들이 번식을 거부하는 것이었다. 아크바르 왕의 동물원에 살고 있던 치타 수천 마리 중 새끼를 낳

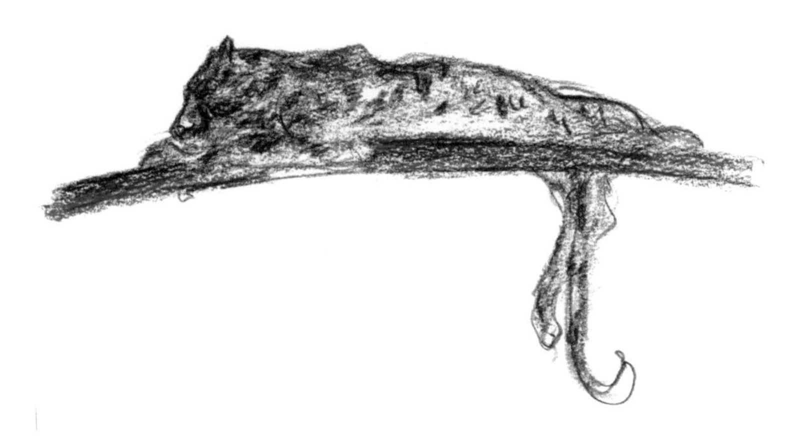

은 것은 단 한 마리뿐이었다. 어쩌면 이것이 자유를 빼앗은 인간에 대한 치타의 저항이었는지도 모르겠다.

잡아온 치타들이 번식을 거부하자 사람들은 치타를 얻기 위해서는 들판으로 나가 야생의 치타를 잡을 수밖에 없었다. 인간이 치타 사냥에 푹 빠져 희희낙락하고 있는 동안 치타들의 '비폭력 · 비협조' 저항은 제 종족을 축소시키는 결과만을 낳았다. 마지막 인도치타인 새끼 치타 세 마리는 인도 마디아프라데시 주 바스타르Bastar에서 사람들에게 붙잡혀 죽임을 당했다. 1948년의 일이다.

인도인들은 '비협조' 방식으로 200년간의 영국 식민통치에서 벗어나 독립했지만 인도치타는 '비협조' 방식으로 멸종한 것이다.

호랑이

Tiger

호랑이가 와락 덮쳤다. 모두 그 자리에서 굳어졌다. 시간이 멈춘 듯 했다.

호랑이를 등지고 있던 우야오吳瑤는 아무 것도 모르고 있었다. 그의 뒤에서 소가 큰 수레를 끌고 있고 수레에는 호랑이 일곱 마리가 가득 실려 있었다. 모든 프로그램이 끝나면 소가 수레를 끌고 무대의 양쪽에서 올라왔다. 한쪽 수레에는 호랑이가 실려 있고, 다른 쪽 수레에는 반달가슴곰이 실려 있었다. 수레 두 대가 관객들 앞으로 지나가며 서로 교차된 후 공연이 막을 내렸다. 호랑이는 항상 수레 위에 얌전히 앉아 있었고 돌발행동을 한 적이 없었다. 관중들이 주섬주섬 일어나기 시작하고 우야오는 떠나는 관객들에게 활짝 웃으며 손을 흔들고 있었다. 모든 것이 공연 순서대로 진행되었다. 그날 오전에도 똑같은 공연이 두 차례 있었고 모든 것이 정상이었다.

하지만 그때 호랑이가 느닷없이 우야오를 덮치고 우야오는 그대로 바닥으로 고꾸라졌다.

불과 10여 초 사이에 벌어진 일이었다. 동료들이 쇠몽둥이를 휘두르며 달려들어 호랑이를 우리에 가두었다.

우야오는 누운 채 꼼짝도 하지 않았다.

동료들이 우야오를 급하게 병원으로 옮겼다.

쥐쥐句句는 우야오가 부르기 편하게 붙여준 이름이었다. 사고를 낸 바로 그 호랑이었다. 쥐쥐는 왜 그렇게 많은 사람들이 겁에 질린 눈빛으로 자신을 쳐다보는지 이해하지 못했다. 쥐쥐는 태어나자마자 인간이라는 다른 생물종을 만났다. 인간의 눈빛은 그를 복종하게 하고 그를 두려움에 떨게 했다. 쥐쥐는 자신에게 벌어진 상황에 대해 아무것도 알지 못했다. 쥐쥐에게 그의 조상과 동족이 야생에서 얼마나 사납고 용맹했는지 아무도 알려주지 않았다. 지금 쥐쥐와

◇

그의 부모 세대는 모두 인간에게 의지해 생존하고 있다. 이마에 '王'자 무늬가 있다는 것만 빼면 우리 안에 갇혀 사는 몸집 큰 고양이나 마찬가지다. 하지만 유전의 힘이란 강력한 것이다. 바로 그 순간 쥐쥐는 자신의 피 속에 잠자고 있던 야성을 한꺼번에 드러냈다. 쥐쥐는 우야오를 덮쳤다. 날마다 아침저녁으로 만나는 동료이자 인간 중에 가장 친절하고 가깝지만 그의 일거수일투족을 통제하고 있는 생물인 우야오를 말이다. 쥐쥐는 우야오를 좋아했다. 그러나 이것이 우야오를 공격한 이유가 되었다.

우야오는 말했다.

"쥐쥐는 그저 나와 놀고 싶었던 겁니다. 힘 조절을 할 줄 몰랐던 것뿐이에요."

전문가는 말했다.

"쥐쥐는 세 살이고 수컷이니까 발정기였습니다. 또 털갈이 시기에는 예민한 법이죠."

인간과 동물 사이에 어떤 오해가 있었는지 정확히 아는 사람은 없다. 그건 오해가 낳은 비극이었다.

2004년 4월 10일 오후 3시 30분, 전주촨珍珠泉에서 열린

'동물들의 축제' 공연에서 벌어진 이 사건은 이튿날 각 신문의 1면을 장식했다.

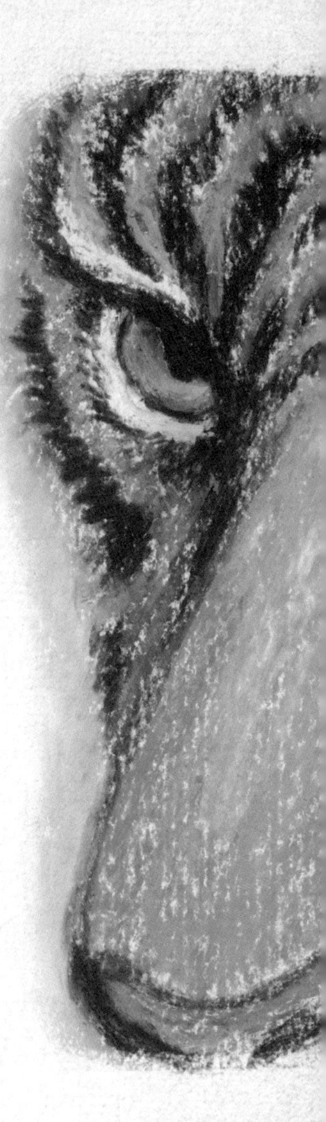

대가

특별한 사고가 아니었다면 18세 청년 우야오는 아마 평생 동안 그렇게 큰 관심을 받지 못했을 것이다.

혈기왕성했던 그가 난징 제2병원 6병동의 병상에 누워 있었다. 호랑이가 그의 가슴을 짓누르고 할퀴는 바람에 왼쪽 갈비뼈 두 대가 부러지고 폐까지 손상되었다. 등도 호랑이에게 물려 10여 곳이 파이고 오른쪽 발꿈치에도 호랑이에게 물린 상처가 세 개 있었다. 왼쪽 목도 호랑이에게 물렸다. 우야오는 전신 20여 곳에 상처를 입었다.

의사는 우선 파상풍과 광견병 백신을 주사한 후 상처를 치료했다.

4월 13일, 우야오의 병문안을 갔을 때 의

◇

사는 그의 상태가 많이 호전되었다고 했다.

4월 14일, 우야오는 옆으로 누워 나와 대화를 나눌 수 있을 만큼 회복되었다. 그의 눈빛이 생기를 되찾고 있었다.

의사는 상처가 아무는 데 열흘쯤 걸릴 것이며 골절상은 천천히 나을 것이라고 했다.

우야오는 동물과 가까이 지낸 대가로 피를 흘려야 했다. 그가 치러야 할 대가가 이쯤에서 그치길 바랐다. 호랑이에게 물리면 개에 물렸을 때처럼 광견병에 걸릴 수 있는데 광견병은 잠복기가 최대 1년 정도다.

그런 사고를 겪고서도 우야오는 쥐쥐를 계속 돌보고 싶다고 했다. 그는 착실하고 정이 많은 청년이었다. 사람들이 말해주지 않았다면 우야오는 어떤 호랑이가 자신을 공격했는지 알지 못했을 것이다. 그는 호랑이를 원망하지 않았다. 그 호랑이는 자신이 직접 기른 쥐쥐니까 말이다.

그 시간에 쥐쥐가 어떻게 지내고 있는지 알았다면 그는 마음 아파했을지도 모르겠다.

관객들을 공포에 떨게 했던 쥐쥐는 용서받지 못할 실수를 한 대가로 '수감'되었다.

쥐쥐가 갇혀 있는 동안 조련사가 내게 연락을 했다. 4월 10일의 참극이 발생한 바로 그곳이었다.

'동물들의 축제' 공연장은 평화로웠다. 인부 몇 명이 삽으로 땅을 파고 있었다.

무대 뒤에 반달곰 한 마리가 서 있었다. 자세히 보니 의자 등받이에 엎드려 잠들어 있는 것이었다. 키가 큰 염소도 우두커니 선 채 탁한 눈동자로 나를 쳐다보았다. 철창 안에 많은 호랑이들이 갇혀 있었다. 어떤 호랑이와 눈이 마주쳤다. 그의 복잡한 눈빛이 왠지 섬뜩했다. 그 눈빛 속에 담긴 뜻이 무엇인지 나로서는 전혀 알 수가 없었다.

모든 것은 대기 상태였다. '동물들의 축제' 공연은 매일 오후 3시 정각에 시작되었다.

쥐쥐는 공연장 맞은편 언덕 위에 있는 시멘트 건물에 갇혀 있었다. 언덕을 오르는 계단이 짧고 가팔랐다. 시멘트 건물은 나무 그늘 아래 있었다. 열린 철문으로 들어가자 철창 안에 갇혀 있는 쥐쥐가 보였다.

내가 다가가자 쥐쥐도 다가와 머리를 철창에 기댔다. 그곳에 갇힌 지 나흘째라고 했다.

◇

병상에 누워 있는 우야오는 내게 이렇게 말했다.

"쥐쥐는 나만 보면 머리로 내 몸에 머리를 들이대며 부비고 혀로 나를 핥곤 했어요. 얼마나 살갑게 굴었는지 몰라요."

지금도 쥐쥐는 사람을 보고 또 다가와 머리를 들이밀고 있었다. 그 모습을 보고 가슴이 먹먹했다.

옆에 있던 사육사가 말했다.

"쥐쥐는 자기가 무슨 일을 했는지 몰라요. 막 여기 갇혔을 때는 불안한지 으르렁거리며 철창 안을 계속 맴돌았어요."

쥐쥐는 낯선 나를 훑어보더니 심드렁하게 고개를 돌려 천천히 바닥에 누웠다. 쥐쥐는 그 어떤 것에도 흥미를 느끼지 못했다. 쥐쥐의 눈빛과 행동은 온순했지만 커다란 몸집은 여전히 위압적이었다. 어쨌든 그는 호랑이, 그것도 어른 호랑이니까 말이다.

"쥐쥐는 계속 여기에 갇혀 있어야 해요. 그런 일이 있었으니 다시 풀어놓을 수도 없고 공연을 할 수도 없죠."

쥐쥐는 그렇게 '종신형'을 선고받았다. 세 살짜리 쥐쥐는 자신이 우야오를 덮치는 그 순간 자기 운명이 바뀌었다

◇

는 사실을 모르고 있었다. 아마도 우리는 쥐쥐가 왜 우야오를 덮쳤는지 영영 알 수 없을 것이고, 또 쥐쥐의 속마음을 캐물을 수도 없을 것이다. 하지만 인간에게 그건 중요하지 않다. 2002년 10월 3일 헤이룽장성黑龍江省 동북호림원東北虎林園의 한 호랑이가 관리원을 물어 죽였다가 역시 감금되었다. 감금으로 호랑이가 인간을 공격하지 못하게 할 수는 있지만 인간과 호랑이 사이의 오해를 해결할 수는 없다. 인간은 스스로 모든 생물의 지배자라고 생각하며 자기 의지에 따라 모든 것을 조종한다.

◇

현재 인간에게 호랑이는 동물원에 갇혀 있는 몸집이 조금 큰 고양이일 뿐이다. 한 마디로 애완동물이다.

공연이 시작되었는지 언덕 아래에서 음악소리와 해설사의 말소리, 박수소리가 왁자하게 들렸다. 하지만 그 세상은 쥐쥐와 아무 관계가 없었다. 쥐쥐에게 그곳에 갇혀 있는 것이 좋은지, 무대에서 공연하는 것이 좋은지 아무도 알 수 없었다. 좁은 우리 안에서 사는 것과 호랑이로서의 위엄을 잃고 어릿광대처럼 뛰고 구르는 것 중에 어느 편이 더 나을까?

누구의 잘못일까

전주환 '동물들의 축제' 공연장.

차악! 채찍 소리와 함께 극장 안이 갑자기 깜깜해졌다.

무대 위에 웅크리고 있던 검은 그림자가 갑자기 낮고 침울하게 으르렁거렸다. 극장 안 공기마저 미세하게 떨렸다.

초록색으로 반짝이는 눈동자들이 무대 위에서 흔들리며 떠다녔다. 맹수들의 눈동자였다.

조명이 켜지자 사자와 호랑이들이 무대 중앙에 엎드려 있었다. 조각상인 듯 소리도 없고 미동도 하지 않았다.

관객으로 가득 찬 관객석에도 고요한 긴장감이 감돌았다.

곧 공연이 시작되었다.

2004년 4월 14일 오후 2시, 호랑이가 조련사를 덮친 지 4일째 되는 날이었다.

호랑이들이 말을 타고 통나무 위를 걷고 불이 활활 타오르는 고리를 통과하고 바닥을 굴렀다. 호랑이들은 사람이 시키는 대로 움직였다. 고분고분한 고양이 같았다. 사람들은 고양이를 닮은 이 동물에게 커다란 입과 날카로운 발톱과 이빨이 있다는 사실을 잊어버렸다.

이 아름다운 고양이과 동물들이 언젠가는 타고난 본능대로 번뜩이는 이빨과 위력적인 발톱을 휘두를 것이다. 그것이 그들의 죄일까? 자연계에서 힘과 용맹함, 총명함은 호랑이가 생존하기 위한 수단이며 권리다. 하지만 인간 세상에서는 호랑이의 이 본능이 잔인한 행동이 되고 벌이 뒤따른다. 왜냐하면 인간은 줄곧 선의로 그들을 대해주었기 때문이다.

공연단장이 말했다.

"호랑이는 원수를 기억하죠. 그래서 조련사는 호랑이를 함부로 대할 수가 없어요."

◇

열여덟 살의 우야오는 말했다.

"저는 호랑이를 좋아해요. 호랑이가 내게 상처를 입히기는 했지만 그래도 나는 호랑이가 좋아요."

우야오는 1년 넘게 고향에 가지 못했다. 그의 고향은 안후이성安徽省 쑤저우시安徽省 융안永安이었다. 그는 열여섯 살에 중학교를 졸업하자마자 난징으로 올라와 전주촨에서 호랑이 조련사로 일하기 시작했다.

"쥐쥐는 어릴 적부터 저를 아주 잘 따랐어요. 저를 해치려고 한 게 아니라 놀고 싶었던 거예요. 힘 조절을 못했던 거예요."

우야오가 잠든 뒤 그의 큰아버지가 병실 밖에서 내게 말했다. 그는 우야오가 사고를 당한 다음날 고향에서 서둘러 올라왔다.

"부상이 심하지 않다고 해서 저 아이 부모는 올라오지 않았어요. 집을 비울 수가 없답니다."

우야오에게는 학교에 다니는 남동생과 여동생이 하나씩 있다고 했다.

"우야오가 월급 500위안 중에 300위안을 다달이 집으로

부치고 있어요. 퇴원하면 조련사 일을 그만두고 집으로 내려가자고 했지만 말을 듣질 않아요."

착한 우야오는 동물 친구들을 선량하게 대했다. 공연을 보러 온 관객들도 동물들에게 박수갈채를 보냈다. 동물보호운동가들의 끈질긴 노력으로 동물들이 점점 나은 대우를 받고 있고 동물을 해치는 행동은 비난을 받는다. 반달곰에게 황산을 뿌린 대학생에게 비인간적이라는 비난이 쏟아졌고, 살아 있는 동물에게서 쓸개즙을 채취한 악덕업자들을 보고 사람들은 경악을 금치 못했다. 동물원에서 맹수가 사람을 공격하지 못하도록 이빨을 뽑고 발톱을 잘랐다가 동물의 존엄성을 모독했다며 비난받았다. 인간이 동물을 사랑하는 것은 틀림없다. 머지않아 인간은 세상 만물이 화목한 낙원 속에서 흐뭇해하게 될 것이다.

그런데 사랑이 모든 것을 해결해주지는 않는다. '인간으로서의 도리'가 모든 문제를 해결해줄 수도 없다. '인간의 본성'을 가지고 '동물의 본성'과 소통하겠다는 것은 일방적이고 오만한 생각이다.

동물을 길들이겠다는 것은 인간의 헛된 생각이다. 동물

에게서 본성을 빼앗고 인간이 원하는 대로 행동하게 하는 것이 바로 '길들임'이다. 개는 오랜 세월 길들여져 이미 유전자가 바뀌었고 돼지도 마찬가지다. 개에게 늑대는 이미 동족이 아니고, 돼지에게 멧돼지도 역시 가족이 아니다. 호랑이는 멸종위기에 있다. 사람들이 '각별한 사랑'으로 보호하고 지켜낸 호랑이는 더 이상 '동물의 왕'이 아니다. 그저 고양이일 뿐이다. 모든 동물이 정말로 길들여진다면 아마도 생태계는 섬뜩하리만치 단조로워질 것이다.

인간이 동물과 친밀하게 접촉하려는 것은 동물의 본성에 대한 도전이다. 동족 앞에서 자아를 드러내는 것이 동물의 본성이지만, 인간은 동물을 자신의 즐거움을 위한 존재 정도로 여긴다. 이것은 동물의 본성을 거스르는 것이다. 동물들은 언제라도 인간에게 복수할 수 있다. 다섯 살 남자 아이가 베이징의 한 공원에서 원숭이에게 물리고, 두 살배기 남자 아이가 상하이의 한 공원에서 원숭이에게 물려 손가락 두 개를 잘렸다. 우한武漢의 한 공원에서는 아들과 함께 관람차를 타고 가던 부부가 갑작스런 사자의 공격을 받아 엄마와 아들이 심하게 다쳤다. 관람객뿐만 아니라 공원의 조련사와 관리원이 맹수에게 물려 죽거나 다치는 일들이 심심치 않게 일어난다. 우야오가 사고를 당하기 며칠 전에도 구이린桂林에서 사육사가 사자에게 물려 목숨을 잃는 사건이 있었다.

잔인한 폭력과 심한 간섭은 동물을 불안하고 초조하게 만들고 결국 사람을 공격하게 한다. 길들인다고 해서 본성을 완전히 바꿀 수는 없다.

물론 많은 동물들이 오랫동안 길들여짐으로 인해 본성을 잃어버렸다. 이 이야기의 주인공인 시베리아호랑이Siberian Tiger도 그렇다. 계속된 사냥과 포획으로 이제 시베리아호랑

◇

이는 거의 자취를 감추었다. 사람들은 멸종을 막겠다며 마지막 시베리아호랑이를 동물원으로 데려와 잘 먹이고 보살폈다. 그러자 호랑이는 야생에서 먹이를 사냥하는 생존수단을 포기하고 그 대신 '공연'을 하게 되었다. 그들은 사람에게 순종한다. 적어도 겉으로 보기에는 그렇다. 하지만 그런 호랑이는 '우리에 갇힌 고양이'와 다를 바가 없다.

동물의 본능이 퇴화되자 사람들은 다시 동물들에게 야성을 돌려주어야 한다고 목소리를 높였다. 이번에는 반대로 동물들에게 '야생 생존'을 훈련시키기 시작했다. 하지만 이것은 동물을 위한 일이 아니라 인간이 과거에 저지른 잘못에 대한 속죄다. 인간은 동물들에게 가장 알맞은 세상을 주고 그들이 자신의 세계에서 자신의 법칙에 따라 생존하게 해주어야 한다. 이것이야말로 동물들에게 가장 필요한 것이다. 그런데 우리가 동물들에게 돌려줄 자연은 원래 그들의 것이 아니었을까?

공연이 끝나고 사자와 호랑이들이 무대 뒤로 내려갔다. 그들은 쇠막대기를 든 조련사의 지휘에 따라 각자의 우리로 들어갔다. 쥐쥐는 그중에 없었다. 쥐쥐는 앞으로 영영 이곳에 올 수가 없다. 나는 철창 밖에서 말없이 맹수들을 쳐다보았다. 그들은 줄지어 자신의 우리로 향했다. 겉으로 보기에는 평화로워 보였다. 하지만 나는 조련사들이 손에 쇠막대기를 들고 그들과 일정한 거리를 유지하고 있는 것을 보았다. 동물들도 벽에 붙어 조심스럽게 걷다가 우리 문 앞에 도착하면 안으로 재빨리 뛰어 들어갔다. 사람과 동물 모두 서로를 경계하고 있었다.

그것이 인간과 동물의 한계이며 반드시 지켜야 할 거리다. 그런데 이 거리가 너무 가까워져 많은 동물들이 자기 자신을 잃어버렸다.

어느 정도의 생소함과 적절한 거리는 동물의 행복이며 결국에는 인간의 행복이다.

나는 몸을 돌려 밖으로 나왔다.

작은 원숭이 한 마리가 작은 염소의 등에 올라타고 나를 졸졸 따라오다가 냉큼 무대 뒤로 사라져버렸다.

제 무리에서 소외된 그들은 이미 본성을 잃어버린 뒤였다.

11

1850년,

베링섬에서,
마지막 안경가마우지가
사라지다

안경가마우지가 발견된 지 얼마 되지 않아서

알류트족 사람들이 베링섬에 들이닥쳤다.

그들은 날지 못하는 이 둔중한 새의 연한 육질과

아름다운 깃털에 반해 닥치는 대로 잡아 죽였다.

1850년 안경가마우지는 베링섬에서 완전히 자취를 감추었다.

안경가마우지

Spectacled Cormorant

1741년 북극.

베링이 선원들에게 작은 섬에 배를 대라고 손짓을 하고 있을 때, 검은 가마우지 한 무리가 우뚝 솟은 절벽 위에 나란히 선 채 검은 옷의 무녀들처럼 미동도 없이 그들을 내려다보고 있었다.

베링은 문득 불길한 예감이 들었다.

괴혈병에 걸려 몸을 제대로 가누기도 어려웠던 선원들이 섬에 오르자 어디선가 북극여우들이 나타나 선원들을 괴롭혔다. 간신히 북극여우 떼는 쫓아냈지만 열악한 기후로 인해 탐험대는 이 황량한 섬에 머무르며 겨울이 지나가길 기다려야 했다.

알고 보니 가마우지는 멀리서 내려다보고 있던 그 모습처럼 신비하고 음울한 새가 아니었다. 그들은 몸이 무겁고 움직임이 굼떠서 날지 못했기 때문에 물속으로 들어가 물고기와 새우를 쫓아다니거나 무사처럼 바위 위에 우두커니 앉아 먹잇감이 제 발로 찾아오기를 기다렸다. 가마우지들은 사람을 전혀 경계하지 않았기 때문에 베링은 그들을 식량으로 삼고 영양을 보충하며 북극의 기나긴 겨울을 견뎠다. 베링 일행의 탐험에 동행한 박물학자 게오르크 빌헬름 스텔러Georg W. Steller는 눈가가 하얀 이 새에게 '안경가마우지'라는 이름을 붙여주었다.

덴마크 출신의 탐험가 비투스 베링Vitus Bering은 이 겨울이 끝나는 것을 보지 못했다. 1741년 12월 19일 베링은 이 섬에서 사망했다. 훗날 사람들은 이 섬을 베링섬으로, 이 바다를 베링해라고 불렀으며 그가 발견한 아시아와 아메리카 대륙 사이의 해협을 베링해협이라고 명명했다.

스텔러는 다행히도 베링섬에서 가마우지 표본 여섯 개와 뼈대 두 개를 가지고 돌아올 수 있었지만, 불행하게도 그는

유일하게 이 새를 목격한 박물학자가 되었다.

안경가마우지가 발견된 지 얼마 되지 않아서 알류트족Aleut 사람들이 베링섬에 들이닥쳤다. 그들은 날지 못하는 이 둔중한 새의 연한 육질과 아름다운 깃털에 반해 닥치는 대로 잡아 죽였다. 1850년 안경가마우지는 베링섬에서 완전히 자취를 감추었다.

알류트족 사람들은 에스키모인들의 혈통과 문화를 이어받았다. '에스키모Eskimo'는 오랫동안 '날고기를 먹는 사람'이라는 뜻으로 잘못 알려져 왔고 이는 종족 간 불화를 낳기도 했다. 그들은 조각배에 의지해 작살 하나만으로 고래를 잡고, 맨몸에 창 하나로 북극곰을 잡을 수 있었다. 그들의 용맹함은 베링섬에서 돌아온 스텔러의 회고록에도 기록되어 있다.

"그들은 거대한 닻처럼 생긴

쇠갈고리를 바다소의 거죽에 꽂아 넣은 뒤 극렬하게 저항하는 바다소를 물 위로 끌어올렸다. 바다소는 심한 상처를 입고 앞다리가 잘려 검붉은 피를 쏟아내면서도 여전히 버둥거렸다. 바다소가 게워내는 탄식과 신음은 무겁고 침울했다. 암컷이 쇠갈고리에 찍혀 딸려 올라가면 수컷은 제 짝을 구하기 위해 필사적으로 저항했다. 사람들에게 공격당할 위험을 무릅쓰고 밧줄을 물속으로 잡아당기기도 하고 꼬리로 쇠갈고리를 두들기기도 했다. 이튿날 나는 그 수컷 바다소가 사람들에게 난도질당한 암컷 곁에 애처롭게 서 있는 것을 보았다. 사람들은 기껏 잡아 올린 바다소를 이유 없이 해변에 내버려두기도 했는데 네 마리당 한 마리꼴로 그렇게 버려졌다."

이 섬에 사는 바다소들에게 에스키모인들의 방문은 멸족을 부르는 재앙이었다. 석양의 남은 빛이 바다 위를 비출 무렵 바다소가 물 위로 나와 머리에는 긴 수초를 쓰고 지느러미로 새끼를 안고 반쯤 누워서 사람의 것과 닮은 유방을 내놓고 새끼에게 젖을 물리곤 했다. 훗날 스텔러바다소Steller's sea cow라고 이름 붙여진 이 동물은 스텔러가 그들을 발견한 지 불과 27년 만에 무자비한 포획으로 인해 지구상에서 영영 자취를 감추었다.

전문가들은 알류트족과 에스키모인이 선호하는 사냥감인 북극곰도 금세기 안에 멸종될 것이라고 예상하고 있다. 그들을 멸종시키는 것은 에스키모인뿐만이 아니다. '지구온난화'도 북극곰의 생존을 위협하고 있다. 바다에 떠다니는 얼음덩어리들은 북극곰이 먹이를 찾고 짝짓기를 하는 장소다. 하지만 북극의 기온이 올라감에 따라 북극의 해빙기가 길어져 먹이를 찾지 못한 북극곰들이 급기야 동족을 잡아먹기 시작했다. 지금도 에스키모인들은 북극곰을 사냥할 수 있겠지만 잡는다 해도 오래 굶주려 야위고 쇠약한 모습일 것이다.

지구온난화는 북극곰을 멸종으로 몰아가는 한편 에스키모인들에게도 무서운 재앙을 안겨주었다. 오늘날 알래스카의 에스키모인들은 생활의 터전을 떠나야 할 위기에 처해 있다. 30년간 알래스카의 기온이 섭씨 4도나 상승하는 바람에 빙하가 녹고 해수면이 상승해 그들의 마을이 점점 물에 잠겼기 때문이다.

1741년 베링의 발견으로 알래스카는 러시아의 소유가 되었다. 1867년 미국이 170만 제곱킬로미터에 달하는 이 넓은 땅을 720만 달러의 헐값에 사들였다. 현재 미국 최대

유전 두 개가 바로 이 알래스카에 있다. 살 곳을 잃은 알류트족과 에스키모인들이 이주하기 위해서는 약 3억6천만 달러가 필요하다. 하지만 미국 정부는 이를 부담하기를 거부하며 마을 사람들을 여러 도시로 분산 이주시키려 하고 있다.

에스키모인들이 고향을 떠나 뿔뿔이 흩어지면 그들이 살던 이글루와 개썰매, 물범 가죽을 씌워 만든 작은 배 우미악을 더는 볼 수 없게 될 것이고, 그들이 추운 북극에서 1만 년 넘게 살면서 형성한 독특한 문화도 사라질 것이다. 민족 문화가 사라진다는 것은 곧 이 민족의 멸망을 의미한다.

안경가마우지가 멸종된 지 불과 160여 년이 지난 지금, 알류트족과 에스키모인들은 그들과 같은 운명을 맞이하게 될까?

12

1649년,

마다가스카르에서, 마지막 코끼리새가 죽다

박물관에 남아 있는 알 화석은 코끼리새가

우리에게 남긴 마지막 유물이다.

알의 내부를 들여다보니

그 안에 부화되지 못한 새끼가 있었다.

알을 깨고 나오지 못한 이 새는 모든 비밀을 안은 채

긴 세월 동안 어둠 속에서 침묵하고 있다.

코끼리새

Elephant Bird

9킬로그램짜리 거대한 알 하나가 오스트레일리아의 퍼스박물관에 조용히 누워 있다. 이 알은 전설 속이 아니라 현실에 거대한 새가 존재했음을 보여주는 확실한 증거다.

예로부터 중국인들은 세상에 거대한 신비의 새가 있다고 믿었다. 《장자莊子》〈소요유逍遙游〉 편에 "붕새의 등 너비가 몇천 리나 되는지 알 수가 없고 한 번 날면 하늘을 뒤덮은 구름과 같았다"는 대목이 있다. 중국의 민족영웅인 송나라 장수 악비岳飛의 자字가 붕거鵬擧였는데 그가 대붕금시조大朋金翅鳥의 화신이라는 전설이 있다.

사람들은 전설 속의 거대한 새를 신성시하며 동경해왔는데 이는 황제도 예외가 아니었다. 누군가 원의 초대 황제 쿠빌라이 칸에게 이런 이야기를 들려주었다. 중국에서 멀리 떨어져 있는 커다란 섬에 생김새는 매를 닮고 코끼리를 덮칠 만큼 몸집이 큰 새가 있는데, 녀석은 코끼리를 낚아채 높은 상공으로 날아오른 다음 땅으로 떨어뜨려 죽인 뒤에 천천히 살을 뜯어 먹는다는 것이다. 이 새는 두 날개를 펼치면 너비가 20미터가 넘고 깃털 하나의 길이가 9미터나 된다고 했다.

쿠빌라이는 그 이야기를 듣자마자 먼 바다로 사람을 보내 정말로 그런 새가 있는지 알아보게 했다. 마르코 폴로 Marco Polo의 기록에 따르면, 쿠빌라이가 보낸 사신들이 정말로 길이가 몇 미터나 되는 깃털을 가지고 돌아왔는데 깃털 뿌리가 두꺼워 두 손으로 감싸 쥐어야 겨우 잡을 수 있었다고 한다. 사신들이 가지고 온 이 깃털은 사실 마다가스카르에 사는 코끼리새의 것이었다. 이 새는 키가 3미터로 2층 건물 높이와 맞먹고 몸무게도 450킬로그램은 족히 나갔다. 날지 못해 날개는 퇴화했지만 다리가 짧고 튼튼했으며 과일이나 나뭇잎을 먹고 살았다. 그러므로 코끼리를 붙잡고 공중으로 날아올랐다가 집어던질 수도 없을 뿐더러 코끼리 살점을 천천히 뜯어먹는 것은 더더욱 불가능했을 것이다.

몸집은 크지만 성격이 순한 이 채식주의자들은 17세기에 생존의 마침표를 찍었다. 마다가스카르의 인구가 점점 늘어나면서 광활한 숲을 벌목해 농지로 개간했기 때문이다. 코끼리새의 뛰는 속도가 숲이 소실되는 속도를 따라갈 수 없었고 서식지를 잃고 떠돌던 코끼리새들은 굶어죽었다.

더 이상 도망갈 곳이 없는 코끼리새들은 배고픔을 견디지 못해 사람들의 밭으로 가서 먹이를 찾기 시작했다. 사람들은 농작물이 피해를 입었다는 사실에만 분노할 뿐 자신들이 숲을 빼앗는 바람에 다른 동물들이 살 곳과 먹을 것을 잃었다는 사실은 깨닫지 못했다. 사람들은 코끼리새를 '나쁜 새'로 부르며 대대적인 학살에 나섰다. 다 자란 코끼리새를 죽이는 것도 모자라 코끼리새 새끼와 알까지 무참히 짓밟았다. 그들은 코끼리새의 다리뼈로 목걸이를 만들고 알껍데기는 술항아리로 썼으며 깃털은 장신구로 사용했다.

1649년 마다가스카르 원주민들은 코끼리새가 밭을 짓밟아놓을 걱정에서 완전히 해방되었다. 마지막 남은 코끼리새를 사살했기 때문이다.

멸종된 생물은 거의 대부분 시간의 암흑 속에 잠들어 다시 깨어나지 못한다. 하지만 그중 일부는 흔적을 남겨 두어 깊이 파묻혀 있다가 어느 날 사람들에게 자신이 한때 이 세상에 존재했음을 알리기도 한다.

박물관에 남아 있는 알 표본은 코끼리새가 우리에게 남긴 마지막 유물이다. 컴퓨터단층촬영 기술을 이용해 이 알의 내부를 들여다보니 그 안에 부화되지 못한 새끼가 있었다. 다리와 부리, 발톱의 형태도 어느 정도 갖추고 있었다. 하지만 알을 깨고 나오지 못한 이 새는 모든 비밀을 안은 채 긴 세월 동안 어둠 속에서 침묵하고 있다.

21세기가 된 오늘날 우리는 아이들에게 이 세상에서 가장 소중한 것은 생명이라고 가르친다. 생명 교육은 인간 교육의 기본이다. 그런데 아마도 아이들에게 이 한 가지를 더 알려주어야 할 것 같다. 인간 자신의 생명뿐만이 아니라 지구에서 함께 살아가고 있는 수많은 동반자들의 생명도 똑같이 소중하다는 사실 말이다. 그들의 생명도 역시 단 한 번뿐이며 사라지고 나면 돌이킬 수 없다.

모든 피조물을 향한 윤리적 행동에 의해,

우리는 만물과 정신적으로 연결된다.

_알베르트 슈바이처

Albert Schweitzer, 독일-프랑스 의사

13

1922년,

중국에서,
마지막 코뿔소가 죽다

전설에 의하면 기린麒麟은 사람들이 서로 싸우고

자연을 파괴하면 모습을 감추고 태평성세가 오면

다시 인간 세상에 나타난다고 한다.

코뿔소는 다시 나타날 수 있을까?

중국 코뿔소

Chinese Rhino

중국 코뿔소가 멸종되기 전 뿔이 하나 달린 짐승, 즉 일각수一角獸에 관한 전설이 있었다. 옛날부터 사람들은 일각수에 대해 특별한 동경을 품고 있는 것 같다.

중세 유럽의 전설에는 유니콘이 등장한다. 하얗고 몸집이 작은 이 말은 이마에 신비한 힘을 가진 뿔이 달려 있고, 숲속에 사는데 성격이 온순하여 길을 걸을 때에도 꽃을 밟지 않으려고 조심스럽게 걷는다. 또 신비한 힘을 가지고 있지만 순결한 소녀의 체취에는 저항하지 못하고 매료된다. 소녀가 숲에 오면 유니콘이 나타나 소녀의 무릎을 베고 편

안히 잠을 자는데 이때 소녀가 유니콘의 긴 뿔을 베는 것이 유니콘을 사로잡을 수 있는 유일한 방법이라고 한다.

중국의 전설 속 동물 중에는 기린麒麟이 있다. 기린의 머리 한가운데에는 기다란 뿔이 하나 달려 있는데 살로 이루어져 있고 기묘한 기운을 내뿜는다. 기린도 서양의 유니콘과 마찬가지로 벌레나 풀을 밟지 않기 위해 조심스럽게 걸어 다닌다. 중국인들은 기린을 복을 가져다주는 신비한 동물로 여겼다. 공자가 태어난 날 기린이 나타나 옥으로 만든 책을 선물했다는 전설이 있다. 노魯나라 애공哀公 14년에 한 마부가 기린을 잡았는데 공자가 그 기린을 알아보고 눈물을 흘리며 "내 도가 다했구나!"라고 탄식하고는 쓰고 있던 《춘추春秋》를 미완성인 채로 남겨둔 채 2년 뒤 세상을 떠났다.

중국 고대 순舜임금 때 형법을 제정했던 신하 고요皐陶도 해태獬豸라는 일각수를 데리고 다녔다. 재판이 열리면 해태가 죄를 지은 사람을 뿔로 가리키거나 들이받아 죽였다. 간신은 뿔로 들이받아 쓰러뜨린 후에 잡아먹었다고 한다. 훗날 법률 집행관이 쓰는 관모에 해태를 그려 넣은 것도 해태가 공정함의 상징이었기 때문이다.

중국인들은 일각수를 전설 속의 신비한 동물로 여겼기 때문에 뿔을 자르거나 고기를 먹지 않았다고 알려져 왔다. 중국인들의 그림과 조각, 건축물에서도 정교하게 묘사된 일각수를 찾아볼 수 있다. 하지만 실제로 주위에 살고 있는 일각수에 대한 태도는 사뭇 달랐다. 중국인들은 은은한 체취를 풍기며 유니콘의 뿔을 자른 순결한 소녀만큼이나 잔인한 방법으로 그들을 해쳤다.

뿔이 하나 달린 코뿔소는 몸무게가 1톤이 넘을 만큼 몸집이 크지만 전설 속의 일각수처럼 부끄러움을 많이 타고 겁도 많다. 코뿔소는 한 번도 인간을 먼저 공격한 적이 없다. 곤경에 빠졌을 때만 뿔을 앞세워 상대를 위협하는데 그럴 때면 사자나 호랑이도 뒷걸음질 칠 만큼 위력적이다. 그러나 아이러니하게도 이 최고의 방어무기가 코뿔소 멸종의 원인이 되었다. 탐욕스러운 인간들이 코뿔소 뿔이 가진 치료 효과를 과장하고 코뿔소 뿔로 담근 술이 해독 작용이 있다고 믿었던 것이다. 게다가 코뿔소 뿔로 만든 공예품에 열광하는 사람들도 있었다. 2006년 뉴욕에서 열린 경매에서는 청나라 강희康熙 황제 때 코뿔소 뿔로 만든 술잔이 200만 달러의 높은 가격에 팔렸다.

당나라 때까지만 해도 중국 후난湖南, 후베이湖北, 광둥廣東, 광시廣西, 쓰촨四川, 구이저우貴州는 물론 중국의 서쪽 끝 티베트 고원이 있는 칭하이青海에서도 코뿔소가 살았다. 하지만 명나라 때는 남부인 구이저우와 윈난雲南에만 코뿔소가 남아 있었다. 청나라 때는 남부 지방의 관리들이 일반 백성들의 코뿔소 사냥은 금지하면서도 병사 수천 명을 동원해 코뿔소를 마구잡이로 잡아 죽였다. 코뿔소 뿔을 높은 관리나 황제에게 바쳐 높은 관직에 오르기 위해서였다. 1900년 이후 관리들이 조정에 바친 코뿔소 뿔이 300개가 넘었다. 이것이 중국의 마지막 코뿔소였다. 그러나 코뿔소를 멸종시키면서까지 뇌물을 바쳤지만 그들은 황제의 총애를 얻지 못했다. 1911년 청나라가 멸망한 것이다.

코뿔소는 총 다섯 종이 있는데 모두 몸집이 크고 갑옷처럼 두꺼운 피부를 가지고 있으며 특이하게 생긴 뿔이 한 개 또는 두 개 달려 있다. 그중 아시아에 세 종이 있는데 뿔이 하나인 인도코뿔소와 자바코뿔소, 뿔이 둘인 수마트라코뿔소다. 나머지 두 종은 아프리카에 있는데 검은코뿔소와 흰코뿔소로 모두 뿔이 둘이다. 뿔이 두 개면 코 위에 세로로 나란히 자라는데 앞의 것은 길고 뒤의 것은 짧고, 뿔이 한 개면 코끝에서 자란다.

예로부터 중국 남부 산지에서 서식하는 인도코뿔소와 자바코뿔소, 수마트라코뿔소를 '중국 코뿔소'라고 불렀다. 1916년 마지막 수마트라코뿔소가 사살당하고 1920년에는 마지막 인도코뿔소가 죽임을 당했으며, 마지막 자바코뿔소가 죽은 것은 1922년이었다. 그 후 다시는 중국에서 코뿔소가 발견되지 않았다.

중국 코뿔소는 20세기 초 중국에서 자취를 감추었다. 전쟁이 빈번한 시기였으므로 아무도 코뿔소의 생존에 관심을 갖지 않았다. 전설에 의하면 기린은 사람들이 서로 싸우고 자연을 파괴하면 모습을 감추고 태평성세가 오면 다시 인간 세상에 나타난다고 한다.

코뿔소는 다시 나타날 수 있을까?

정의로운 인생을 추구하는 사람의
첫 번째 행동은 동물 학대를 금지하는 것이다.

_레프 톨스토이
Lev Tolstoy, 러시아의 대문호

14

2012년,

갈라파고스에서,
마지막 코끼리거북이 죽다

다양한 종으로 진화한 코끼리거북은 다윈에게

《종의 기원》 탐구에 대한 영감을 주었다.

그렇다면 코끼리거북의 멸종위기는 인간에게

생물다양성의 중요성을 다시금 일깨워주는 경고가 아닐까?

갈라파고스코끼리거북

Galapagos Tortoise

남태평양의 갈라파고스 제도에 사는 코끼리거북이 《종의 기원》의 출발점이라는 사실을 아는 사람은 그리 많지 않다.

1835년 가을, 찰스 다윈Charles Darwin이 커다란 코끼리거북을 타고 섬 위를 한가롭게 산책하고 있었다. 이 섬의 부총독이 스물여섯 살의 젊은 다윈을 향해 아래턱을 까딱거렸다.

"박물학자 선생, 코끼리거북을 아무 놈이나 골라보시오. 어느 섬에서 난 놈인지 내가 한눈에 맞힐 수 있으니까."

부총독이 이렇게 자신만만한 데는 그럴 만한 이유가 있

었다. 갈라파고스 제도에는 15종이 넘는 코끼리거북이 살고 있었는데 전문가가 아니면 그것들을 구분하기가 무척 어려웠다. 그때까지 사람들은 하나님이 세상 모든 것을 창조했다고 믿고 있었다. 하지만 다윈은 이 사실에 의구심이 들기 시작했다. 그 의구심의 시작이 바로 코끼리거북이었다. 다윈은 생각했다. 하나님은 어째서 이렇게 가지각색으로 다른 코끼리거북들을 만들었을까?

전 세계를 항해하던 비글호는 갈라파고스 제도에 5주 동안 정박했다. 이 시간은 다윈을 변화시킨 5주이자 세계를 바꾼 5주였다.

다윈은 코끼리거북에게서 받은 영감을 가지고 설레는 마음으로 이 섬을 떠났다. 그는 생명에는 조물주도 갖지 못한 힘이 있다는 사실을 은연중에 깨달았다. 하지만 그는 이처럼 다양하고 활력 넘치는 생명들이 인간에게 상처를 입고 점점 멸종될 것임은 예상하지 못했다. 사실 베를랑가Berlanga가 갈라파고스 제도를 발견했을 때부터 코끼리거북은 줄곧 인간에게 죽임을 당해왔다. 1535년 베를랑가가 스페인 국왕으로부터 피사로Pizarro와 그의 동료 알마그로Almagro 간의 다툼을 해결하라는 명령을 받고 페루로 향했다. 베를랑가가 항해 도중에 휴식을 위해 어느 섬에 잠시 정박했다가 무리를 이루고 있는 커다란 몸집의 코끼리거북을 보았다. 베를랑가는 그 거북들에게 깊은 인상을 받고 이 섬들을 갈라파고스 제도라고 이름 붙였다. '갈라파고'란 스페인어로 '큰 거북'이라는 뜻이다.

거북은 몸길이가 1.7미터, 몸무게가 400킬로그램이나 되었다. 사람들은 그 크기에 놀라 코끼리거북이라는 이름을 붙여주었다. 코끼리거북이 제일 좋아하는 먹이는 섬에서 자라는 선인장이었다. 선인장 외에도 나무 열매, 덩굴식물, 풀 같은 것들을 먹었다. 코끼리거북은 먹을 것이 없으면 몇 달 심지어 1년씩 먹지 않고도 견딜 수 있다. 생존능력이 워낙 강해서 가장 오래 사는 동물이며 100년 이상 사는 것도 흔하다.

그런데 이런 강인한 생존능력 때문에 원양선 선원들에게 가장 사랑받는 식재료가 될 줄 누가 알았을까? 코끼리거북은 1년 동안 아무 것도 먹지 않고도 살 수 있기 때문에 선원들이 돌멩이 줍듯 주워다가 선창 안에 뒤집어 놓으면 도망가지도 못하고 굶어 죽지도 않았다. 그러므로 선원들은 언제든 살아 있는 코끼리거북을 잡아 신선한 고기를 먹을 수

있었다. 19세기에는 고래와 물범을 잡으러 다니던 어부들이 이 섬으로 대거 몰려왔다. 그들은 코끼리거북을 배에 한가득 실어다가 남미에서 간단히 가공한 뒤 세계 각지로 팔았다.

오랜 세월 동안 천적이 없었던 탓에 코끼리거북은 몸집이 크고 둔하고 점잖았다. 심지어 짝짓기 상대를 차지하기 위해 다툴 때에도 목을 최대한 높이 빼서 누가 더 큰가 겨루는 게 전부다. 사람들이 닥치는 대로 잡아들여도 그들은 도망치지도 못하고 순순히 잡혀야 했다.

코끼리거북은 그렇게 조용히 멸종을 기다렸다. 다윈이 갈라파고스 제도를 방문했을 때만 해도 15종을 볼 수 있었지만 지금은 10종만 남아 있다. 한 종이 더 있었지만 단 한 마리밖에 남지 않았었고 2012년 그마저 생을 마감했다.

마지막 남아 있던 그 한 종의 거북은 핀타섬코끼리거북으로 '외로운 조지Lonesome George'라는 이름을 가지고 있었다. 외로운 조지는 핀타섬코끼리거북 가족 중 마지막 남은 한 마리였다. 1971년 이 거북이 발견된 후 생물학자들이 전 세계를 다 찾아다녔지만 유전자가 비슷한 코끼리거북을 발견하지 못했다. 생물학적으로 가까운 코끼리거북 중에서 신붓감을 골라 데려왔지만 조지는 그중 누구에게도 관심을 보이지 않았다.

핀타섬코끼리거북은 인간에게 수없이 붙잡혀 죽임을 당했지만 1959년까지만 해도 멸종위기에 이른 것은 아니었다. 핀타섬코끼리거북에게 최후의 일격이 된 것은 염소 세 마리의 방문이었다. 그해 한 어부가 염소 세 마리를 데리고 갈라파고스에 도착했다. 풍부한 수풀과 조용한 환경을 갖춘 이곳은 염소가 번식하기에 최적의 장소였다. 그런데 염소 세 마리가 왕성하게 번식하더니 몇 년 되지 않아서 무려 3만 마리로 늘어났다. 이로 인해 핀타섬의 생태계가 완전히 무너지고 선인장과 관목숲도 염소에게 뜯어 먹혀 사라지고 말았다. 굶주림을 잘 견디는 핀타섬코끼리거북도 결국 굶어죽었다.

사람들은 그제야 심각성을 깨닫고 생태계 보호를 위해 염소를 잡아 사살하기 시작했다. 그러던 중 1971년 조지가 우연히 발견되었다. 사람들은 마지막 핀타섬코끼리거북을 산타크루스섬에 있는 찰스다윈센터로 보냈다. 외로운 조지가 안타까워 또 다른 거북을 찾기 위해 핀타섬을 샅샅이 뒤졌지만 핀타섬코끼리거북의 사체 열다섯 구를 찾아냈을 뿐이었다. 모두 아주 오래 전에 죽은 사체들이었다.

다양한 종으로 진화한 코끼리거북은 다윈에게 《종의 기원》 탐구에 대한 영감을 주었다. 그렇다면 코끼리거북의 멸종위기는 인간에게 생물다양성의 중요성을 다시금 일깨워 주는 경고가 아닐까?

코끼리

Elephant

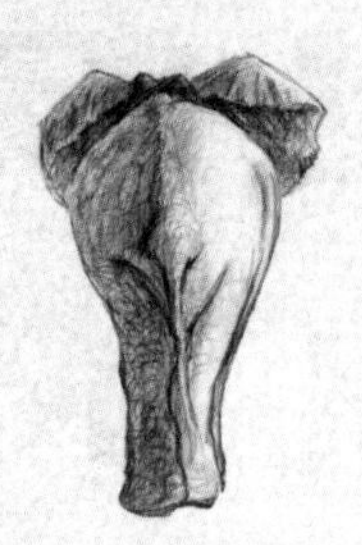

난징 홍산紅山동물원 코끼리 우리 안.

굵은 쇠 울타리가 시멘트 바닥을 둥글게 에워싸고 풀 한 포기 나지 않는 시멘트 바닥 한가운데 코끼리 한 마리가 우두커니 서 있었다.

네 살 남짓 되어 보이는 여자아이가 두 손으로 난간을 꼭 붙들고 있다가 고개를 돌려 엄마에게 물었다.

"엄마, 코끼리가 왜 새끼를 밟아 죽였어?"

아이 엄마는 말없이 아이를 번쩍 안아 올려 우리 앞을 떠났다. 아이는 엄마의 어깨 너머로 멀어져 가는 코끼리를 계속 쳐다보았다.

2003년 1월 18일 토요일 오후, 아기 코끼리가 죽은 지 1주일이 지났다.

2003년 1월 12일 아침 8시, 코끼리 루마이路脈가 새끼를 낳았다. 하지만 1시간 뒤 아직 이름도 없는 아기 코끼리는 어미에게 밟혀 죽었다.

사람들은 과학의 발전에 환호하며 인간 자신은 물론이고 다른 생명체에게도 각별한 관심을 쏟고 있다. 심지어 관심 분야가 나노 영역까지 확대되었다. 인간은 경험을 바탕으로 동물에게 타고난 생존법칙이 존재한다는 사실을 발견했다. 특히 자식에 대한 모성은 모든 생물종에게서 공통적으로 나타나는 특징이다. 그렇지 않으면 생물종이 계속 유지될 수 없다. 그런데 루마이는 어째서 생존법칙을 거슬렀을까? 감시자이자 보호자였던 인간은 스스로에게 질문을 던져야 한다.

"루마이의 새끼를 죽인 것은 누구인가?"

그렇다. 이것은 인간이 대답해야 할 질문이다. 이 감시와 보호가 인간의 일방적인 행동이기 때문이다. 쇠로 된 울타리와 긴 쇠사슬이 바로 그 증거다.

◇

코끼리 우리 맞은편에는 시멘트로 된 높고 긴 관람석이 있었다. 관람석에는 아무도 없었다. 우리 안에 홀로 서 있는 코끼리는 관람석을 물끄러미 바라보았다. 불과 반 년 전만 해도 스탠드에 관람객들이 구름처럼 몰려들어 북적였다. 그때는 풀 한 포기 없는 이 시멘트 바닥 위에서 코끼리 네 마리가 한가롭게 거닐고 있었다. 비록 발에는 굵고 긴 쇠사슬이 묶여 있었지만.

관람객들은 좌석을 빽빽하게 채우고 앉아 음료수를 마시며 코끼리가 쇠사슬을 매달고 하는 공연이 시작되기를 기다리고 있었다. 매점 앞에는 간식을 사려는 사람들이 줄지어 서 있었다.

하지만 이제는 관람객도 사라지고 매점도 없어졌다. 2002년 6월 19일과 6월 20일에 코끼리 네 마리 중 세 마리가 연달아 죽었기 때문이다.

루마이만 다행히 죽음을 피했다. 루마이의 뱃속에는 14개월 된 아기 코끼리가 자라고 있었다.

죽은 코끼리들 중에는 태어나자마자 불행을 맞이한 아기 코끼리의 아빠도 있었다.

◇

비참한 사건이 발생한 것은 2002년 6월 19일 오전이었다. 며칠 동안 왠지 풀이 죽어 보였던 수컷 코끼리 간마이甘脈가 갑자기 쓰러졌다. 일어나려고 발버둥을 쳐보았지만 제 몸을 가눌 힘이 없었다. 그날 오후 세상을 떠나는 마지막 순간에도 간마이는 다시 한 번 일어나려고 힘을 짜냈지만 결국 마지막 비통한 한숨을 내뱉은 뒤 숨이 멎었다. 간마이가 죽음과 사투를 벌이고 있는 동안 암컷 코끼리 웨마이月脈와 루이마이瑞脈도 비슷한 증세가 나타나기 시작했다. 둘은 코끼리 사육실 벽에 머리를 기대고 고통스러워하다가 천천히 바닥으로 쓰러졌다. 6월 20일 오전, 웨마이와 루마이가 차례로 숨을 거두었다. 웨마이는 임신 10개월째였다.

코끼리 세 마리가 죽은 원인이 유기인 중독으로 밝혀졌지만 전염병에 감염되었거나 비위생적인 음식을 먹어서일 수 있다는 반박이 나왔다. 추가 조사를 통해 구체적인 원인을 밝히기로 했지만 최종 결론은 아직 나오지 않았다. 인터넷이 발달하면서 전 세계 곳곳의 소식이 밀물처럼 쏟아져 들어오고 있는 요즘이지만, 코끼리들의 사망 원인을 궁금해 하는 사람은 거의 없다.

◇

죽은 코끼리들은 혹시 병을 전염시킬까 봐 땅속 깊이 매장되었다. 살아 있을 적에 그들은 풀과 나무가 무성한 숲을 함께 떠나 철근과 시멘트 덩어리가 숲을 이룬 광저우廣州로 함께 옮겨졌으며, 1999년 다시 광저우에서 난징으로 옮겨졌다. 그들은 난징에서도 함께 공연을 하며 서로 기대어 의지하고 살았다.

동료들이 하나둘씩 쓰러지는 것을 지켜보며 루마이의 가슴 속에 공포와 슬픔이 사무쳤던 것 같다. 말 못하는 루마이는 여러 가지 방식으로 마음속 고통과 절망을 겉으로 토해냈다. 하늘을 보며 길게 울부짖고 주변을 심하게 경계하기 시작했다. 저보다 몸집이 수십 배나 작은 쥐가 옆을 지나가도 불안에 떨었다. 사육사가 다가갈 때도 루마이가 놀라지 않게 먼저 기척을 내야 했다. 동물학자들에 따르면, 코끼리의 지능이 야생동물 중 침팬지 다음으로 높아서 인간으로 치면 4~5살 아이의 지능과 맞먹는다고 한다. 지능이 높을수록 고독감을 더 잘 느끼는 법이다.

열다섯 살인 루마이가 길지 않은 일생동안 충분히 사랑받지 못한 것은 아니었다. 2001년 2월 14일, 사람들이 밸런

◇

타인데이로 이름 붙인 이날 사람들은 루마이의 결혼식을 올려주었다. 이 소식이 신문에 보도된 후 루마이에 대한 사람들의 관심도 부쩍 높아졌다. 하지만 인간의 코끼리 사랑은 언제나 인간만의 방식으로 이루어졌다. 사람들이 코끼리를 사냥하는 것도 코끼리의 상아를 아끼기 때문이고, 코끼리를 우리에 가두는 것도 사람들이 편하게 구경하기 위한 것이다. 코끼리의 생명을 앗아가는 사냥은 잔인하다고 비난받지만, 코끼리의 자유를 빼앗는 감금은 비난받지 않는다.

커다란 암록색 코끼리 우리에 루마이만 남았다. 모두들 루마이가 겁이 많다고 했다. 루마이의 성미가 이상하다고 했다. 사육사가 죽은 코끼리들을 대신해 루마이와 소통해 보려고 했지만 불가능한 일이었다. 사람들은 아직 태어나지 않은 새끼 코끼리에게 희망을 걸었다. 루마이의 배가 하루하루 불러오는 것을 보며 동물원 전체가 들뜬 분위기에 휩싸였다. 루마이의 배가 불러올수록 희망도 자라는 것 같았다. 동물원 근처에 사는 주민들이 날마다 루마이를 보러 올 정도였다. 많은 이들이 곧 다가올 음력설에 귀여운 새끼

코끼리가 태어나 적막한 코끼리 우리에 생기가 되살아나기를 기대했다.

2003년 1월 12일 오전 8시, 체중 3톤의 루마이가 임신 22개월 만에 100킬로그램짜리 새끼 코끼리를 순산했다. 그런데 첫 출산의 진통을 견뎌낸 루마이는 뭔가 바닥에 툭 떨어지는 소리와 함께 피범벅이 되어 꼬물거리는 작은 물체에 놀랐는지 자기가 낳은 새끼를 향해 발길질을 하기 시작했다. 갓 태어난 새끼를 발로 차고 코로 번쩍 들어 올렸다가 바닥에 내동댕이치고는 다시 발로 밟아버렸다. 새끼 코끼리는 태어난 지 한 시간도 되지 않아서 숨을 거두고 말았다.

새끼를 죽인 루마이는 평온을 되찾은 듯 출산으로 지친 몸을 바닥에 뉘었다.

일주일 뒤 루마이는 다시 겨울의 엷은 햇빛 아래 우두커니 선 채 관람석만 바라보았다. 몸 곳곳에 검붉은 자국들이 어지럽게 묻어 있었다.

이유는 모르겠지만 그 장면이 내 기억 속에서 지워지지 않고 남아 있다. 그 장면 속 한 켠을 차지한 사육사의 눈동자가 보는

◇

이마저 우울하게 한다. 사육사는 코끼리 우리 밖 작은 언덕에 걸터앉아 내게 말했다.

"날씨가 너무 추워서 코끼리를 씻길 수가 없으니 지저분할 수밖에요."

그 장면 속 한구석에 있는 젊은 사육사는 삽을 땅에 꽂아놓고 한참 동안 코끼리를 말없이 바라보았다. 새끼 코끼리가 죽은 날 아침 그 젊은이는 슬픔을 견디지 못하고 목 놓아 울었다고 했다.

그들 뒤에서 한 아이가 엄마에게 물었다.

"코끼리가 왜 새끼를 밟아 죽였어?"

이 비극은 루마이가 고향을 떠나면서 시작되었다.

루마이의 집은 울창한 숲이었다. 그곳에는 함께 놀고 먹고 즐길 수 있는 친구들이 있었다. 사람들은 그들을 '코끼리 떼'라고 부른다. 온순한 그들은 무리지어 생활한다. 코끼리가 홀로 사는 일은 없다. 그런 그들을 철근과 콘크리트로 가득 찬 도시로 데리고 온 것이다. 코끼리가 새끼를 낳기 전 사람들은 '분만실'을 준비해주었다. 분만실 온도도 코끼리가 가장 쾌적함을 느낀다는 섭씨 15~20도로 유지시켰다. 하지만 그곳은 코끼리의 집이 아니었다. 많은 이들이 코끼리에게 관심을 갖고 살뜰히 보살폈다. 하지만 어미가 된 루마이는 자기 몸에서 일어나는 변화를 이해하지 못했고 출산의 고통이 루마이를 더욱 불안하고 당황하게 했으며 심지어 분노하게 했다.

원래 루마이는 이 모든 것을 알아야 했고 또 알 수 있었다. 하지만 고향을 떠나 무리와 헤어져 살았기 때문에 그녀에게 생명의 비밀을 알려주고 분만의 세세한 과정을 보살펴주고 새로운 생명을 함께 맞이해 줄 자매도 엄마도 아무도 곁에 없었다.

새로운 생명의 탄생에 대해 루마이는 아무것도 몰랐다. 그래서 그녀는 피 묻은 작은 물체를 보고 겁이 나고 당황할 수밖에 없었다.

비극은 그렇게 시작되었다.

강제로 고향을 떠나고 친구들의 죽음을 지켜보며 이별해야 했던 루마이는 동물의 본능을 지킬 수 없었던 것이다. 인간은 이 비극을 보고 코끼리의 아픔을 미루어 짐작하고 공

감할 수 있을 만큼 똑똑하다. 코끼리의 비참한 죽음 앞에서 선량한 사람들은 상심의 눈물을 흘렸다. 하지만 인간은 이 비극을 만든 것이 바로 인간 자신이라는 사실을 잊을 만큼 어리석다. 우리는 관람객으로서 역할을 충실히 하고 있지만 사실 그것은 동물들이 스스로 자신을 상실하게 만드는 일방적이고 폭력적인 사랑이다.

그런데 우리 아이들은 이런 환경 속에서 자연과 생명에 관한 관념을 받아들이고 있다. 아이들이 동물원을 좋아하는 것은 그곳에 인간의 친구들이 있고, 그 친구들이 예쁘고 재미있고 신기하기 때문이다. 우리는 그 친구들을 사랑하고 보호해야 한다는 사실을 알고 있다. 하지만 그 친구들에게 무엇이 필요한지 알고 있는가? 지구상에서 생명이 살기 시작한 지 약 38억 년이 지났지만 인류의 역사는 길어야 몇백만 년이다. 무슨 이유로 인간이 다른 생명의 주인이라고 주장하는 걸까?

생물종이 하나둘씩 멸종위기에 처하고 또 차례로 멸종한 뒤에야 인간은 비로소 붕괴된 생태 시스템 속에 자신의 자리가 없어졌음을 깨닫게 될 것이다.

중국 CCTV의 동물 다큐멘터리 프로그램 〈동물의 세계〉의 진행자인 자오중샹趙忠祥은 "야생동물을 보호하는 가장 좋은 방법은 야생동물의 고향, 즉 원래 서식지에서 그들을 보호하는 것이다. 멸종위기 동물이나 상처를 입은 야생동물의 경우에만 임시로 옮겨 보호해야 한다. 도시에 자연과 친해질 수 있는 곳을 만든다는 것은 그저 돈벌이를 위한 핑계일 뿐이다"라고 말했다.

중국의 3천여 개 도시마다 동물원이 있고 대도시에는 동물원이 몇 개씩 있기도 하다. 그렇다면 얼마나 많은 동물들이 고향을 잃어버린 걸까? 얼마나 많은 동물들이 자유를 잃고 쇠창살에 갇혀 살고 있는 걸까? 얼마나 많은 동물들이 오랜 세월 지켜온 자연적인 습성을 잃어버린 걸까? 인간은 스스로에게 질문해야 한다. 인간은 동물의 본성을 왜곡하고, 심지어 동물들에게 뒤늦은 사과조차 하지 않는다. 야생동물들은 인위적인 환경에서 오랫동안 생활하면 자연으로 돌아갈 수 없다고 한다. 사육에 길들여지기 때문이다.

루마이의 비극이 과연 코끼리만의 비극일까?

15

1950년,

티티카카 호수에서,
마지막 오레스티아가 사라지다

미국인들은 탐욕 때문에 오레스티아를 멸종시켰지만

그들이 티티카카 호수에 풀어놓았던 송어 역시

현재 멸종위기에 처해 있다.

이 세상의 많은 문제들이 힘과 폭력으로는 해결되지 않는다.

티티카카오레스티아

Titicaca orestias

볼리비아에서 미국인들은 두 차례 악명 높은 만행을 저질렀다. 하나는 체 게바라를 사살한 것이고 또 하나는 오레스티아를 멸종시킨 것이다.

볼리비아와 페루의 국경에 위치한 티티카카Titicaca 호수에 오레스티아라는 물고기가 살았다.

그곳 원주민들은 티티카카를 신성한 호수로 여겼다. 원주민의 전설에 따르면 아주 오랜 옛날 태양신의 아들 만코카팍Manco Capac이 황금 지팡이를 들고 이 호수 한가운데서 나와 거대하고 찬란한 잉카 제국을 세웠다고 한다. 그래서 잉카인들은 신이 부활하기를 기원하며 이 호수 위에서 성대한 제사를 지냈다. 티티카카오레스티아는 바로 이 성스러운 호수가 원주민들에게 선사한 가장 훌륭하고도 신기한 먹을거리였다.

티티카카오레스티아의 비늘은 녹색 빛이 도는 노란색으로 보석처럼 영롱한 빛을 낸다. 구부러진 아가미에는 햇살 같은 금색 테두리가 둘러져 있어서 세상에서 가장 아름다운 담수어로 꼽힌다. 티티카카 호수 위 갈대숲에 사는 우로스족은 오레스티아를 신성한 물고기로 여겨 오전에만 오레스티아를 잡고 오후에 잡힌 오레스티아는 다시 호수에 풀어주었다.

우로스Uros 섬은 작은 원주민 마을이다. 우로스족이 전쟁을 좋아하는 코야족을 피해 티티카카 호수 위에 갈대로 섬을 만들어놓고 살기 시작했다. 우로스족은 바람을 따라 물결에 실려 다니는 이 갈대섬 위에서 양도 치고 채소도 기른다. 물결과 바람이 흐르는 대로 사는 우로스인들은 지금까지 생존해 있지만 전쟁을 좋아하는 코야족은 이미 오래 전에 잉카 제국에 의해 멸망하고 지금은 코야족 우두머리들의 묘지만 남아 있다. 크고 작은 묘비석들은 매끄럽게 갈아다듬은 돌을 쌓아서 만들었는데 폐쇄적인 구조인 탓에 얼핏 보면 요새의 탑처럼 보인다. 잉카 제국을 정복한 스페인 사람들은 이 묘비석 안에 황금이 숨겨져 있을 것이라고 믿었다. 그들이 황금을 찾기 위해 묘비석을 수없이 파헤쳤지만 다행히도 묘비석이 워낙 견고하게 지어져 거듭된 파헤침과 수백 년 동안의 비바람을 잘 견뎌내고 지금까지 남아 있다.

스페인의 잉카 정복은 비열하고 치졸한 이들이 일으킨 한바탕 소란과도 같았다. 1532년 스페인의 정복자 피사로가 168명의 병사를 데리고 찾아와 만찬 초대라는 함정을 놓아 잉카 제국의 아타우알파Atahualpa 황제를 체포했다. 피

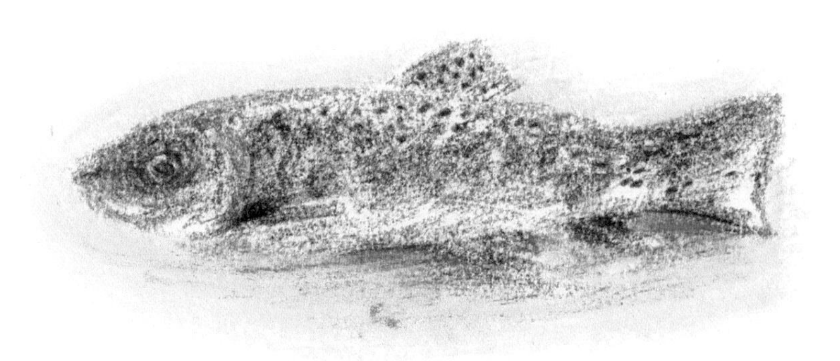

사로는 황제를 풀어주는 대가로 황금을 요구했는데 그가 요구한 몸값이 황제가 감금된 방을 가득 채울 만큼의 황금이었다. 잉카 제국 곳곳에서 황금과 은을 속속 보내오자 피사로는 몸값을 너무 적게 부른 것을 후회하며 아타우알파 황제를 카하마르카의 중심 광장에서 처형했다. 이로써 잉카 제국은 멸망을 고했다.

피사로는 황제를 죽이면 잉카 제국에 있는 모든 황금이 자신의 차지가 될 것이라 생각했다. 그런데 그 많던 황금이 온데간데없이 사라져버렸다. 잉카인들이 '토토라Totora'라는 갈대로 만든 조각배에 황금을 실어다가 티티카카 호수에 던져버린 것이다. 피사로는 부하이자 사촌동생인 페드로와 동료 디에고를 보내 호수 바닥에 가라앉아 있는 황금을 건져오게 했다. 하지만 피사로는 정복으로 얻은 이익을 나누는 과정에서 다툼이 생겨 동료에게 죽임을 당했고, 페드로와 디에고도 호수에서 아무 것도 얻지 못했다. 호수의 물속이 항상 황금빛으로 반짝였지만 그것은 황금이 아니라 티티카카오레스티아였다.

하지만 지금은 티티카카 호수에서 황금빛이 사라졌다. 1930년대 미국인들이 티티카카 호수에 북미산 식용 송어를 방류한 후, 송어가 오레스티아의 생존 공간을 빼앗고 어린 물고기들을 잡아먹었다. 결국 티티카카오레스티아는 1950년대에 멸종되었다.

티티카카오레스티아가 멸종되었을 때 볼리비아는 스페인 통치에서 벗어나 독립국가의 지위를 얻기는 했지만 미국의 심한 간섭을 받고 있었다. 신성한 호수의 신은 오레스티아를 부활시키지도 못하고 원주민들을 고통에서 구해내지도 못했다. 그때 훗날 젊은이들의 우상이 된 체 게바라가 티티카카 호수 기슭에서 볼리비아 혁명 활동을 시작했다. 하지만 현지 농민들은 그를 냉대하고 그것도 모자라 그의 피신처를 밀고했다. 1967년 10월, 갈 곳 없이 궁지에 몰린 체 게바라는 미국 CIA의 지휘를 받고 있는 정부군에게 붙잡혀 사살되었다. 체 게바라가 가난한 이들을 돕다가 목숨을 잃었다는 소식이 전해지자 볼리비아 농민들은 그제야 자신들의 태도를 반성하기 시작했다. 그 후 사람들은 포상금의 유혹과 온갖 협박에도 흔들리지 않고 얼마 남지 않은 게릴라 대원들을 다시는 밀고하지 않았으며 반대로 그들을 숨기고 보호해주었다.

39세의 체 게바라가 세상을 떠난 지 39년 되던 해에 에

보 모랄레스Evo Morales가 볼리비아 사상 첫 원주민 출신 대통령으로 당선되었다. 그는 취임하자마자 코카잎으로 체 게바라의 커다란 초상화를 만들어 대통령궁에 걸어놓았다. 2006년 6월 14일 게바라의 생일인 이 날, 모랄레스는 게바라가 세상을 떠난 라이게라 마을을 방문해 깊은 진심을 담아 이렇게 말했다.

"체, 당신은 우리의 우두머리이자 형제입니다. 당신은 우리를 위해 자신을 희생했습니다."

미국인들은 두려움 때문에 체 게바라를 죽였지만 역시 볼리비아를 차지하지 못했다. 또 미국인들은 탐욕 때문에 오레스티아를 멸종시켰지만 그들이 티티카카 호수에 풀어놓았던 송어 역시 현재 멸종위기에 처해 있다. 이 세상의 많은 문제들이 힘과 폭력으로는 해결되지 않는다.

살아 있는 모든 피조물을 향한 사랑은
인간의 가장 고결한 특징이다.

_찰스 다윈
Charles Darwin, 영국의 생물학자

16

1981년,

원난성 이룽후에서,
마지막 이룽잉어가 죽다

이룽잉어가 조용해졌다.

꼼짝도 하지 않았다.

잉어의 몸이 햇볕에 바싹 타들어갔다.

호수 바닥의 진흙이 점점 딱딱해졌다.

마치 물고기가 가득 담긴 접시 같았다.

전설 속 용에게 바치는 풍성한 제물처럼 말이다.

이룽잉어

Allosaurus Carp

이룽잉어의 멸종은 불과 며칠 사이에 이루어졌다. 중국 윈난성雲南省 이룽후異龍湖에 살던 물고기들이 이룽후가 말라버리는 바람에 호수 바닥에서 배를 허옇게 드러낸 채 처량한 죽음을 맞이했다.

가뭄은 3년 전에 시작되었고, 1981년 4월 28일 마침내 호수가 완전히 말라버렸다. 다시 물이 고일 때까지 호수는 꼬박 20일을 메마른 채로 견뎌야 했다.

면적 39평방킬로미터의 거대한 호수가 뜨거운 태양 볕 아래 맨살을 드러내고 검고 축축했던 진흙이 거북이 등딱

지처럼 갈라져 허옇게 변했다. 호수의 깊은 물속에 살던 이룽잉어도 진흙과 함께 서서히 말라갔다. 아무리 몸을 펄떡이고 입을 크게 벌려도 뜨겁게 달궈진 공기 속에서 단 한 모금의 물도 찾을 수 없었다.

이룽잉어가 조용해졌다. 꼼짝도 하지 않았다. 잉어의 몸이 햇볕에 바싹 타들어갔다. 호수 바닥의 진흙이 점점 딱딱해졌다. 마치 물고기가 가득 담긴 접시 같았다. 전설 속 용에게 바치는 풍성한 제물처럼 말이다.

그곳 사람들은 이룽잉어를 '붉은 눈에 뾰족 입'이라고 불렀다. 얼핏 들으면 꼭 사람 별명 같다. 1977년 어류학자에게 발견된 뒤에야 이룽잉어라는 그럴 듯한 이름이 붙여졌다. 하지만 새 이름을 얻은 지 3년째 되는 해부터 이룽후에 가뭄이 시작되었고 5년째 되는 해에 이룽잉어가 멸종을 맞이했다. 이룽잉어라는 이름은 이 잉어가 사는 이룽후에서 따온 것이다. 이룽잉어는 아주 오래전부터 있었지만 이룽후 이외의 지역에서는 한 번도 발견되지 않았다. 중국 고유종이지만 이룽후에서는 매우 흔하게 잡히는 데다 맛도 좋았기 때문에 예로부터 근방 사람들에게는 훌륭한 영양 공급원이었다. 하지만 이룽잉어의 멸종으로 인해 그들이 어떤 다른 특징을 가지고 있었는지는 영영 풀 수 없는 수수께끼로 남았다.

이룽잉어가 멸종된 것은 서식지의 변화 때문이다. 원래 이룽후는 마르지 않는 호수였다. 용이 이 호수를 향해 쉬지 않고 물을 뿜어주고 있다는 전설이 있을 정도다. 이룽후의 본래 명칭은 '이뤄헤이邑羅黑'로 이곳에 사는 이족彝族 말이었다. 명나라 홍무洪武 연대(1368년~1398년)에 이곳에 처음 온 한족漢族들이 이족의 말을 알아듣지 못해 비슷한 발음의 한자어로 지은 이름이 바로 '이룽후'다. '이뤄헤이'는 원래 '용이 뿜어낸 물로 만들어진 호수'라는 뜻이었다.

호수가 말라버린 것은 물을 뿜어주던 용과 인간 사이에 다툼이 생겼기 때문이다.

1958년 이후 몇 년 동안 중국인들은 심각한 식량난에 시달렸다. 식량이 부족하자 사람들은 농사지을 땅을 조금이라도 더 확보하려고 안간힘을 썼다.

"이룽후의 물을 빼서 넓은 논을 만들자!"

이룽후가 위치한 스핑石屏 현의 문화관에 모인 사람들이 큰소리로 구호를 외쳐댔다.

우여곡절 끝에 호수의 물을 빼내기 위해 터널을 만드는

공사가 시작됐고 1971년 3월에 완공되었다.

칭위완青魚灣 터널을 통해 호수의 물이 하루에 50만 입방미터씩 홍허紅河로 빠져나갔다. 이룽후에서 물을 빼내는 데 7년이 걸렸다. 이룽후의 수위가 낮아지며 드러난 바닥은 농지로 개간하고 일부만이 수심이 얕은 호수로 남았다. 그러나 1979년부터 3년 연속 심각한 가뭄이 드는 바람에 1981년 4월 28일 이룽후의 물이 완전히 말랐다. 7년 동안의 방류로 이룽후의 면적은 절반으로 줄어들고 사람들은 농지 20평방킬로미터를 얻었다.

그런데 호수의 물을 방류해 농지로 개간한 뒤 예상치 못한 문제가 나타났다. 이룽후의 물을 농업용수로 사용하던 인근의 농지가 물 부족에 시달리게 된 것이다. 이 때문에 줄어든 생산량이 1년에 4,800톤이나 되었다. 반면 호수를 개간해서 얻은 농지의 곡식 생산량은 4,300톤밖에 되지 않았다. 이룽후의 물을 빼고 농지를 넓혔지만 곡식 생산량은 오히려 500톤이나 줄어든 것이다. 호수의 물을 빼서 곡식 수확량을 늘리겠다는 계획은 뜻대로 되지 않았고 이룽후의 생태계는 거의 붕괴되었다.

1981년 호수가 완전히 바닥을 드러냈을 때 이룽후에 살던 핀기, 백어, 노란빰잉어 등도 떼죽음을 당하고, 호수 밑바닥의 수초도 말라 죽었다. 그리고 이 호수와 같은 이름을 가지고 있던 잉어도 함께 멸종되었다.

중국의 옛 속담에 "산자락에 살면 산을 먹고 살고 물기슭에 살면 물을 먹고 산다"는 말이 있다. 먹을 것이 부족해지자 호수를 없애고 농사를 지어 곡식을 얻고, 돈이 부족해지자 호수를 이용해 돈을 벌려고 했다. 1990년 이후 사람들은 이룽후를 거대한 양어장으로 만들었다. 새로 개발한 가두리양식법으로 호수 전체에서 양식을 했다. 해마다 수만 톤의 사료와 화학비료, 쓰레기를 호수에 던져 넣었다. 그러자 이룽후가 또 다시 항의를 하기 시작했다. 이번에는 물이 마른 것이 아니라 악취가 진동했다. 결국 1995년 이룽후에서 가두리양식이 금지되었다.

호수 면적이 줄어들고 수질이 오염되어 생태계 균형이 파괴되자 사람들은 퍼뜩 정신이 들었다. 자연이 인간의 약탈과 학대를 묵묵히 참아내지만은 않는다는 것을, 인간에게 항의한다는 것을 깨달은 것이다. 그제야 사람들은 막대한 돈을 들여 이룽후를 원래 모습으로 복원하기 위해 안간힘을 썼다.

이룽후의 물을 방류하기 위해 건설한 칭위완터널의 시멘트벽 위에 "하늘과 싸우고 땅과 투쟁해 자연을 바꾸자!"라는 구호가 커다랗게 쓰여 있다. 한때 중국인들이 자연을 어떻게 대했는지 이 한 마디로 알 수 있다. 이런 이기심을 가지고 자연과 싸운 결과 자연과 인간 모두는 크나큰 상처를 입었다.

한 나라의 위대함과 도덕성은
동물들을 다루는 태도로 판단할 수 있다.
나는 나약한 동물일수록 인간의 잔인함으로부터
더욱 철저히 보호되어야만 한다고 생각한다.

_마하트마 간디

Mahatma Gandhi, 인도의 독립운동가

17

1975년,

리틀테네시강에서,
달팽이시어가 멸종위기에
처하다

다행히 달팽이시어는 근처의 다른 강으로 옮겨져

겨우 서식에 성공할 수 있었다.

하지만 미국의 멸종위기종 보호법은

멸종위기에 있는 생물종을 진정으로 보호하지 못했고,

베트남전쟁 철수의 교훈도

그 후 미국의 전쟁을 막을 수 없었다.

달팽이시어
Snail Darter

1973년 닉슨 미국 대통령이 두 가지 결정을 내렸다. 하나는 베트남에서 군대를 철수시킨다는 것이고, 또 하나는 멸종위기종 보호법에 서명한 것이다. 이 두 결정은 생명 보호에 대한 미국의 결심을 보여주는 것이었다. 그러나 그 뒤에 발생한 일들을 보면 효과가 그리 크지 않았던 것 같다. 달팽이시어는 이름조차 생소한 작은 물고기다. 1973년 생물학자에게 발견되지 않았더라면 이 물고기는 텔리코댐 건설과 함께 지구상에서 멸종되었을 것이다.

8년째 진행 중인 텔리코댐 건설공사가 완공을 눈앞에 두고 있었을 때 갑자기 달팽이시어가 발견되었다. 귀엽지만 조금 기묘하게 생긴 이 작은 물고기는 달팽이를 주요 먹이로 삼았다. 게다가 바닥에 모래와 자갈이 깔려 있고 물이 깨끗하고 시원한 담수에서만 살았다. 생물학자들의 조사 결과, 아쉽게도 리틀테네시강의 텔리코댐 근처가 이 물고기의 유일한 서식지였다.

미국 정부가 이 댐 건설을 위해 이미 1억 달러나 투입했고 머지않아 댐이 완공되면 수력 발전을 할 수 있었다. 댐이 완공되면 강을 거슬러 올라야 하는 달팽이시어의 이동이 차단되어 번식이 어려워지겠지만, 누가 눈앞의 이익을 제쳐두고 몇 마리 작은 물고기 따위에 관심을 갖겠는가?

그러나 당시 많은 미국인들이 생물의 다양성이 얼마나 중요한지 인식하고 있었다. 여행비둘기, 왕대머리수리, 하와이 마모, 텍사스 회색늑대, 오리건 들소 등 미국에서 멸종된 동물들의 명단이 미국인들을 가슴 아프고 부끄럽게 했다. 그 때문에 1973년 닉슨 대통령은 멸종위기종 보호법에 서명했다. 이 법에 따라 히람 힐Hiram Hill 등 환경보호론자들이 연방지방법원에 텔리코댐 건설 중지를 요구하는 민사소송을 제기했다. 그러나 법원은 그들의 요구를 받아들이지

않았다.

많은 이들이 환경보호론자들의 어리석음을 조롱했다. 경제적 가치도 없고 생태적 가치도 뚜렷하지 않은 작은 물고기 몇 마리 때문에 국가적인 건설 사업을 중단하라는 것은 정신이 나간 주장이라고 비난했다.

미국 의회도 댐 건설을 위한 예산을 계속 승인했고 대통령도 댐 건설을 포함한 건설사업의 예산안에 동의했다. 댐 건설 속도가 눈에 띄게 빨라졌다. 하지만 환경보호론자들은 말 못하는 물고기들을 위해 연방제6순회항소법원을 찾아가 상소했다.

그러자 이 작은 물고기의 운명에 관심을 갖는 미국인들도 점점 많아졌다. 여론조사 결과 미국인 중 90퍼센트가 "수력발전소는 다른 곳에 건설할 수 있지만 물고기는 멸종되면 다시 살릴 수 없다"고 응답했다.

이런 상황은 베트남전이 막바지로 치달으면서 닉슨 대통령이 맞닥뜨린 처지와 매우 비슷했다. 12년이나 계속되어온 이 전쟁에 반대하는 사람들이 점점 늘어나고 있었던 것이다. 무려 6만 가까운 미국인이 무시무시한 열대우림 속에서 사망하고 부상자도 30만 명이 넘었다. 거의 모든 미국인가정이 전쟁으로 상처를 입었다. 하지만 군대를 철수한다면 지금까지 해온 노력이 모두 물거품이 되고 전쟁에 패배했음을 인정하는 것이었다.

닉슨 대통령이 침울한 표정으로 창밖을 응시했다. 전쟁에 반대하는 시위자들이 밖에서 '닉슨은 전쟁범죄자이다'라고 쓴 피켓을 들고 구호를 외치며 주먹을 휘두르고 있었다.

1973년 1월 닉슨은 베트남에 파견된 미군에게 철수 명령을 내렸다. 이 결정이 수많은 미국인들의 생명을 살렸다. 그리고 그해 12월, 닉슨은 멸종위기종 보호법에 서명했다. 과연 이 법이 멸종위기에 처한 달팽이시어를 살렸을까? 냉정한 판사도 이 작은 물고기의 운명 앞에서 마음이 흔들리지 않을 수 없었다. 판사는 판결문에서 "텔리코댐 건설공사가 멸종위기종 보호법에서 면제될 수 있는 법안이 의회를 통과하지 못한다면, 달팽이시어가 멸종위기종 명단에서 제외되지 않는다면, 달팽이시어의 다른 서식지가 발견되지 않는다면, 멸종위기종 보호법은 이익의 형평성과 관계없이 생물의 다양성 보호를 절대적으로 우선할 것을 규정하고 있다"고 밝혔다.

댐 개발론자들은 이 판결을 인정하지 않고 연방대법원에

상소했다.

1978년 6월 15일 연방대법원의 최종 판결에서 대법관 9명 중 6명이 환경보호론자들의 의견에 손을 들어주었다. 워렌 버거Warren Burger 대법원장은 대법관들을 대표해 "멸종위기종 보호법에 따라 댐 건설을 금지한다. 텔리코댐 건설공사가 이 법률이 통과되기 전에 시작되었고, 당시에는 달팽이시어가 멸종위기종 명단에 포함되지 않았으며, 의회가 매년 댐 건설 예산을 승인하기는 했지만, 공사 중단 명령이 이 작은 물고기들을 구제하기에 가장 적절한 수단이다"라고 말했다.

당시에 텔리코댐의 건설이 중단되었더라면 텔리코댐은 전사자의 이름이 빼곡히 새겨진 베트남전 참전기념비와 선명한 대조를 이루며 미국의 영광스러운 기념비가 될 수 있었다. 하지만 1년 뒤 미국 의회는 텔리코댐 건설공사를 멸종위기종 보호법의 적용에서 벗어나도록 하는 면제조항을 통과시켰고 댐 건설공사를 재개할 수 있도록 했다.

다행히 달팽이시어는 근처의 다른 강으로 옮겨져 겨우 서식에 성공할 수 있었다. 하지만 미국의 멸종위기종 보호법은 멸종위기에 있는 생물종을 진정으로 보호하지 못했고, 베트남전쟁 철수의 교훈도 그 후 미국의 전쟁을 막을 수 없었다.

이것은 닉슨의 슬픔일까, 아니면 인류 전체의 비극일까?

18

1952년,

바하마 제도에서,
마지막 카리브몽크물범이
사라지다

콜럼버스에 대한 두 가지 관점에 대해

다양한 평가가 있을 수 있다.

하지만 옳고 그름과 선악을 판단하는 최소한의 기준은

생명을 존중했느냐가 되어야 한다.

그 생명이 인간이든 동물이든 마찬가지다.

카리브몽크물범

Caribbean monk seal

머리가 동글동글한 카리브몽크물범이 바하마 제도의 해변에 누워 한가롭게 일광욕을 즐기고 있었다. 그들은 갑작스럽게 섬을 찾아와 해변에 정박해 있는 낯선 범선 세 척을 보고도 심드렁했다. 건장한 체격의 구릿빛 원주민들이 숲에서 걸어 나와 배에서 내린 백인들을 신기한 눈으로 쳐다보았다.

호기심 많은 원주민과 한가한 물범들은 그날이 자신들에게, 아니 아메리카 대륙에게 어떤 날이 될지 전혀 모르고 있었다.

1492년 10월 12일 오전, 범선이 바하마 제도의 해안에 채 닿기도 전에 석류빛 붉은 옷을 차려입은 콜럼버스가 두 선장에게 국왕과 여왕을 의미하는 'F'와 'Y'가 쓰인 녹색 깃발을 각각 메고 해안에 상륙하게 했다. 깃발이 막 바닥에 꽂혀진 깃대의 맨 꼭대기에 닿는 순간 콜럼버스는 이곳이 스페인 영토임을 선포했다. 뒤이어 그는 선원들과 바닥에 엎드려 신에게 감사의 기도를 드렸다. 선원들은 모두 선원이 되는 대가로 사면된 죄인들이었다.

콜럼버스가 바하마 제도에 도착해 처음 발견한 동물은 카리브몽크물범이었다. 울음소리가 늑대와 비슷해서 '바다의 늑대'라는 별명도 가지고 있었다. 물범의 몸은 2미터가 넘고 몸무게도 160킬로그램이나 나갔다. 시속 27킬로미터의 속도로 헤엄칠 수 있으며 100미터가 넘는 깊이로 유유히 잠수해서 다녔다. 암컷이 새끼를 낳아 젖을 먹이고 기를 때는 보통 육지 위에서 생활했다. 그런데 이 습성이 그들에게 재앙이 되었다.

콜럼버스의 선원들은 아열대 기후인 바하마에서 육지 생활을 하고 있는 물범들을 아주 쉽게 잡을 수 있었다. 콜럼버스도 직접 '바다의 늑대' 여덟 마리를 잡았다고 자랑했다.

스페인 선원들이 몽둥이를 든 채 배를 타고 물범들에게 살금살금 다가갔다. 육지 위에 있는 암컷 물범의 곁에는 새끼 물범이 있었다. 선원들은 뱃머리로 물범을 들이받으며 몽둥이를 휘둘렀다. 암컷 물범은 새끼들과 한꺼번에 물속으로 빠지면 선원들을 피해 도망칠 수 있었다. 하지만 그렇게 똑똑한 물범은 많지 않았다. 대부분은 어미와 새끼가 흘린 피가 바다를 붉게 물들였다. 콜럼버스 이후 밀물처럼 들이닥친 유럽인들도 물범을 닥치는 대로 사냥했다. 그들이 관심을 가진 것은 농장 기계에 쓰일 물범의 기름이었다.

카리브몽크물범은 1952년에 발견된 것을 마지막으로 멸종했다. 하지만 지금도 캐나다, 러시아, 그린란드, 노르웨이, 나미비아 등에서 각종 물범의 사냥이 합법적으로 이루어지고 있다. 2003~2005년 캐나다에서만 100만 마리 넘는 물범이 잔인하게 죽임을 당했고 2006년에도 33만5천 마리를 사냥할 수 있도록 허용되었다. 물범을 잡는 사람들은 물범이 너무 많아지면 어민들의 생계수단인 물고기가 줄어들 것이라며 물범 사냥이 정당한 행동이라고 변명한다. 하지만 캐나다 어업 자원을 파괴하는 것은 인간의 무분별한 물고기 사냥이다. 콜럼버스로 인한 죽음과 멸종은 카리브몽크물범만의 일이 아니었다. 식민주의자들은 인간도 동물이나 땅과 마찬가지로 신이 자신들에게 내린 선물이라고 생각하고 함부로 대했다.

아라와크족은 가장 먼저 백인들을 환영해준 아메리카 원주민이다. 그러나 수십만 명에 달했던 그들이 50년 뒤 사라졌다. 콜럼버스와 그의 선원, 그들이 데리고 온 개들이 조용하고 평온했던 아메리카의 크고 작은 섬들을 무력으로 차지했다. 역사학자들의 기록에 따르면, 그들은 원주민의 손을 잘라내 피부만 벗겨 걸어놓았고, 칼날이 예리한지 시험하기 위해 원주민을 잡아다가 머리나 신체의 일부를 자르

기도 했다. 또 그들은 포로로 잡힌 원주민 추장을 화형 시키거나 교수형에 처했다. 콜럼버스가 가장 좋아하는 형벌도 사람의 두 손을 자른 뒤 밧줄로 목을 묶어 거리를 끌고 다니며 사람들에게 보여주는 것이었다. 콜럼버스가 아메리카 대륙에 진출한 후 몇십 년 동안 원주민 2천만 명이 목숨을 잃었다.

유럽인들의 신대륙 정복은 인류 역사상 가장 큰 규모의 종족 멸종을 일으켰다. 식민주의자들은 새끼 물범들에게 그랬듯 원주민 아기들도 잔인하게 죽였다. 오늘날 미국 아이들에게 '영웅'으로 추앙받는 이들이 말이다. 쿠바에서만 3개월간 3만 명 넘는 아기들이 굶어 죽거나 잔인하게 죽임을 당했다.

뜻밖인 것은 한 민족에게 이토록 끔찍한 재앙을 불러온 콜럼버스 역시 똑같이 압박과 고통을 받는 민족 출신이었다는 사실이다. 역사학자들의 고증에 따르면, 이탈리아 제노바의 한 방직공의 아들로 태어난 콜럼버스가 유대인이었다고 한다. 그의 항해도 스페인 국왕의 민족 차별과 관계가 있다. 1492년 8월 콜럼버스가 돛을 펼치고 먼 바다로 떠난 때가 바로 스페인 국왕이 모든 유대인에게 스페인을 떠날 것을 명령한 최종 시한이었다. 그런데 아메리카로 '쫓겨난' 콜럼버스는 원주민 수천만 명의 삶의 터전을 빼앗았다.

콜럼버스는 1506년 빈털터리가 되어 스페인 바야돌리드에서 고통스럽게 죽었다. 몇몇 의학자들은 그가 매독에 걸려 죽었을 것이라고 추정한다. 콜럼버스와 그의 뒤를 따라 아메리카 대륙으로 온 유럽인들이 유럽의 홍역, 파상풍, 디프테리아, 천연두 등의 질병을 아메리카로 옮겼고, 그와 동시에 아메리카의 수두와 매독을 유럽으로 옮겼다는 것이다. 유럽으로 전파된 매독은 최소한 1천만 명의 생명을 앗아갔다. 아메리카 대륙에 진출한 유럽인 콜럼버스는 아마 유럽의 유명인사들 가운데 매독으로 사망한 첫 인물이었을 것이다.

"콜럼버스로부터 시작된 수백만 이민자들의 항해는 오늘날 미국을 번영하게 한 발견이자 용기의 역사였다."

콜럼버스의 아메리카 대륙 상륙을 기념하는 콜럼버스데이의 들뜬 분위기 속에서 부시 미국 대통령은 이렇게 축사했다. 하지만 바로 그날 차베스 베네수엘라 대통령은 콜럼버스데이를 폐지할 것을 호소하며 "콜럼버스는 인류 역사상 가장 큰 침략과 종족 멸종을 가져온 선구자였다"고 말했다.

두 가지 관점에 대해 다양한 평가가 있을 수 있다. 하지만 옳고 그름과 선악을 판단하는 최소한의 기준은 생명을 존중했느냐가 되어야 한다. 그 생명이 인간이든 동물이든 마찬가지다.

사불상

Père David's deer

중국에 세계 유일의 사불상 무덤이 있다. 사슴전문가 딩위화丁玉華는 특별한 사불상 서른아홉 마리를 이곳에 함께 묻어주었다. 사불상이 중국 동부의 해안가로 다시 돌아오기까지 수많은 우여곡절이 있었다. 인간이 그들을 진정으로 이해하지 못해 저지른 잘못 때문이었다. 중국 다펑大豊 사불상국가급자연보호구의 딩위화丁玉華 부주임은 사불상을 기르며 어려움이 닥칠 때마다 이 무덤에 와서 지난 일들을 회상하며 힘을 얻곤 했다. 새롭게 닥친 문제가 딩위화의 마음을 무겁게 짓눌렀다. 겨울이 다가오면서 보호구에 사는 사불상들의 먹이를 보충해주어야 했다. 사불상이 제일 좋아하는 먹이는 콩을 수확하고 남는 콩대다. 그

◇

런데 콩 농사가 기계화되면서 콩을 수확할 때 콩대가 자동으로 썰려 나와 퇴비의 원료로 사용되고 있었다. 그 때문에 콩대를 구하기가 힘들었다.

이 문제를 어떻게 해결해야 할까? 또 이와 비슷한 문제들이 발생했을 때 어떻게 대처할 수 있을까? 사불상이 사람의 보살핌에서 벗어나 진정한 야생 환경으로 돌아가는 것이 그들에게 가장 좋은 일일 수 있다.

하지만 그러기 위해서는 너무 많은 노력이 필요했다. 딩위화가 직접 길러 야생으로 돌려보낸 그 어린 사불상처럼 말이다.

1998년 3월.

어린 사불상이 신기한 듯 눈망울을 끔벅거렸다. 그는 어미를 본 적이 없었다. 어미가 그를 낳다가 난산으로 세상을 떠났기 때문이다. 사불상이 태어나서 제일 처음 본 적은 딩위화였다. 딩위화는 중국의 유명한 사슴연구가다. 그는 12년 전 사불상국가급자연보호구가 만들어졌을 때부터 이곳에서 일했다. 딩위화가 사불상의 입가에 젖병을 가져다 댔다. 사불상은 태어나자마자 처음 본 딩위화를 어미로 알고 졸졸 따라다녔다.

236호로 이름 붙여진 이 사불상은 사람들에게 둘러싸여 특별한 보살핌을 받으며 자랐다. 가까이에 살고 있는 뿔 달린 동물들이 자신과 동족이라는 사실조차 몰랐다. 사불상은 어미를 잃었지만 걱정 근심 없이 자랄 수 있었다.

금세 5년의 시간이 흘렀다. 사불상에게 5년은 아이에서 청년으로 성장하는 시간이다.

236호 사불상이 점점 초조하고 불안해 보였다. 예전만큼 사람을 친근하게 대하지도 않았다. 어른이 된 사불상에게 발정기가 찾아왔기 때문이었다. 그의 몸속에 숨어 있는 야성이 깨어날 때가 된 것이다. 236호 사불상은 이제 자기 무리로 돌아가 진정한 사불상의 삶을 살아야 했다.

딩위화와 동료들은 236호 사불상에게 적절한 환경을 만들어주어야 한다는 생각에 마음이 급해졌다. 사불상 서른아홉 마리를 외국에서 들여온 것은 1986년 여름이었다. 딩위화는 그들이 지낼 쾌적한 우리를 준비했다. 그런데 먼 길을 이동한 탓인지 사불상들은 새로운 환경을 그리 달가워하지 않았고 불안한 모습으로 아무 것도 먹지 않았다. 백방

으로 알아본 결과, 무리 생활을 하는 사불상을 무리에서 분리시킨 탓일 것이라고 했다. 사불상을 기르기 위한 자료와 지식이 부족했고 심지어 모르는 것을 물어보고 도움을 청할 곳도 없었다. 하지만 딩위화는 포기하지 않고 연구를 계속했다. 그는 사불상의 행동과 소리를 면밀하게 관찰하여 그들이 들판을 그리워한다는 사실도 알았다. 점점 자라고 있는 236호 사불상도 그때의 그들과 마찬가지일 것이다.

236호 사불상은 다시 들판으로 돌아가야 했다. 들판에 살다가 사육되고, 사육되다가 다시 들판으로 돌아가는 것

은 그의 조상들이 오랜 세월에 걸쳐 훈련해온 과정이기도 했다. 사불상은 일찍이 수백 년 전에 멸종위기에 처했다. 베이징 융딩먼永定門 밖에 있는 황실 사냥터 난하이쯔南海子가 바로 중국의 마지막 남은 사불상 서식지였다. 하지만 1900년 영국·프랑스 등 8국 연합군이 베이징을 공격하자 난하이쯔를 지키던 신기영神機營 병사들이 뿔뿔이 흩어졌다. 그 후 베이징을 함락시킨 8국 연합군은 난하이쯔로 쳐들어와 사불상을 모조리 사냥했다.

1900년의 무더운 여름날, 다급하게 피난을 떠난 자희태후慈禧太后가 황량한 벌판에서 잠 못 이루고 있을 때 중국의 마지막 사불상은 그녀의 사슴정원에서 멸종되고 말았다. 중국 문화의 중요한 특징이자 상징이었던 동물이 나라의 멸망과 함께 멸종된 것이다. 심지어 작은 탄식조차 내뱉을 겨를도 없이 말이다.

딩위화는 5년간 애지중지 키운 사불상을 보호구에 사는 사불상 무리로 돌려보내기로 했다. 사불상은 들판에 살아야만 한다. 태어나면서부터 사람들 틈에서 자랐으므로 236호 사불상에게도 사람은 애틋한 존재였다. 딩위화는 천천

◇

히 동족의 무리를 향해 다가가는 236호 사불상을 말없이 배웅했다.

하지만 236호 사불상은 무리에 끼어들기도 전에 심한 공격을 받았다. 딩위화가 발견했을 때 236호 사불상은 바닥에 쓰러져 있었다. 바닥에는 피가 흥건하게 흘러나와 있고 부러진 뿔 하나가 옆에 나뒹굴고 있었다. 그리 멀지 않은 곳에서 건장한 수컷 사불상이 성난 숨을 내쉬며 그를 노려보고 있었다. 사불상들은 236호 사불상에게서 진한 사람의 체취를 맡았던 것이다.

딩위화와 동료들은 236호 사불상이 또다시 치명적인 공격을 받을 것을 걱정해 다른 쪽 뿔도 잘라냈다. 상처를 치료받은 236호 사불상은 비틀거리며 일어나 멀리에서 자신을 경계하고 있는 무리에게로 또다시 향했다. 그도 그 무리 중에 끼어야만 했다.

하지만 뿔을 잃은 수컷 사불상은 엄청난 모욕과 냉대를 당해야만 한다. 사슴들은 뿔의 크기로 서열을 결정한다. 그곳은 서열이 엄격한 사회였다. 결투의 최종 승자는 암컷들과 짝짓기 할 권리를 독점하고 먹이와 서식지를 제일 먼저

◇

차지했다. 이에 복종하지 않으면 잔인한 공격을 당했다. 뿔이 없는 사슴은 무리에서 아무것도 가질 수 없었다.

하지만 낮은 서열보다 더 비참한 것은 따돌림과 외로움이었다. 무리 중 누구도 236호 사불상에게 관심을 갖지 않았다. 수컷 사불상들이 달리기 경주를 하거나 뿔을 가지고 장난을 치는 동안 뿔이 없는 236호 사불상은 동족의 눈을 피해 그들이 남긴 풀을 먹었다.

겨울이 찾아왔다. 236호 사불상이 사람들을 떠나 홀로 맞이하는 첫 번째 겨울이었다. 함박눈이 쏟아지고 기온이 영하 10도 이하로 내려가는 혹독한 추위였다. 사불상들은 잿빛 하늘 아래에서 한데 모여 몸을 맞대고 서로의 체온에 의지해 추위를 견뎠지만, 236호 사불상은 무리와 멀리 떨어진 황량한 들판에 혼자 떨어져 있어야 했다. 그는 눈이 몸에 쌓여도 아랑곳하지 않고 눈보라 속에 홀로 선 채 꿈짝도 하지 않았다. 사람들은 그를 걱정했다. 236호 사불상이 끝내 무리에 받아들여지지 않으면 어떻게 하지? 기나긴 겨울을 혼자 견뎌낼 수 있을까? 차마 두고 볼 수가 없었던 딩워화는 멀리서 휘파람을 불어 그를 불렀다. 사람들에게 돌아

◇

오라는 뜻이었다. 휘파람은 지난 5년간 그들 사이의 신호였다. 236호 사불상은 어디에 있든 딩위화의 휘파람 소리가 들리면 곧바로 힘차게 달려왔다. 하지만 이번에는 달랐다. 236호 사불상은 눈보라에 얼어붙은 듯 휘파람 소리에 아무런 반응도 하지 않았다. 다시는 인간에게로 돌아오지 않았다. 자신이 사불상이라는 것을 알아버렸기 때문이다.

사불상은 줄곧 인간에게서 도망쳤지만 도망칠 곳이 없었다. 그들은 처음부터 중국의 역사와 함께였다. 황허黃河와 양쯔강揚子江 유역에서 탄생한 그들은 상商나라와 주周나라 시대에는 인구만큼이나 많았다. 하지만 사람들은 그들을 맛있는 고깃덩이로만 여겼다. 주나라 이후 사람들은 사불상을 마구잡이로 사냥했다. 또 사람들이 농사를 짓기 시작하면서 습지가 농지로 바뀌자 사불상이 살 곳이 점점 줄어들었다. 마침내 18세기 초 친저우泰州 시 차오터우橋頭 진鎭의 들판에서 야생의 마지막 사불상이 숨을 거두었다. 그 후 사불상은 황실 사냥터에서 사육되며 겨우 명맥을 유지하다가 멸종된 것으로 알려졌다.

◇

하지만 사불상은 이 세상에서 완전히 사라지지 않고 살아남아 있었다. 페레 아르망 다비드Armand David라는 프랑스 신부 덕분이었다. 1865년 가을, 동물 연구에 심취해 있던 다비드 신부가 난하이쯔 황실 사냥터의 담장을 기어 올라갔다. 그는 수백 년 동안 갇혀 살고 있는 사불상을 처음 보았다. 그는 자신의 새로운 발견에 흥분했다. 사불상은 서양 동물분류학에 한 번도 기록된 적 없는 동물이었던 것이다. 다비드는 사불상의 뼈와 가죽을 은화 20냥에 산 뒤 청나라 주재 프랑스 공사관을 통해 수컷 사불상의 사체를 구했다. 밀른 에드워즈Milne Edwards 파리자연사박물관장의 감정을 거쳐 이것이 새로운 생물종일 뿐만 아니라 사슴과 동물 중 독립된 속을 이루고 있음이 밝혀졌다. 서양인들은 새로운 동물의 발견에 흥분했다. 서양의 관례에 따라 중국 사불상은 발견자의 이름을 따서 '페레 다비드의 사슴Père David's deer'이라고 이름 붙여졌다.

236호 사불상의 조상들은 1868년부터 중국에서 외국으로 속속 팔려나갔다. 동물상인들은 이 희귀동물을 비싼 가격에 판매했다. 외국으로 팔려가거나 외국에서 태어난 사불상들은 대부분 타지를 떠돌다가 일찍 생을 마감했다. 1900년 사불상이 중국에서 멸종된 뒤 전 세계에 남아 있는 사불상은 열여덟 마리밖에 되지 않았다. 영국 베드포드Bedford 공작은 이 열여덟 마리를 비싼 가격에 사들여 자신의 워번 애비Woburn Abbey 영지에서 기르기 시작했다.

마지막으로 살아남은 사불상 열여덟 마리는 런던에서 북쪽으로 72킬로미터 떨어진 워번 애비 영지에서 우울하게 생활했지만 다행히도 번식을 중단하지는 않았다. 베드포드 공작은 자신이 세계에서 유일하게 사불상 무리를 보유하고 있다는 사실을 자랑스럽게 여기며 단 한 마리도 팔지 않았다. 제2차 세계대전이 발발한 후 베드포드 공작의 아들이 아버지의 유산을 물려받았다. 그는 아버지와 생각이 달랐다. 달걀을 한 바구니에 담지 말라는 격언처럼 그는 사불상을 나누어 유럽과 미국의 동물원으로 보냈다.

현재 전 세계에 살고 있는 사불상 약 3천 마리는 모두 당시 워번 애비에 살았던 열여덟 마리의 후손이다.

1986년 여름, 세계자연기금이 영국 런던에 살고 있던 사불상 서른아홉 마리를 중국 황해 해안가의 넓은 해변으로

◇

보냈다. 그로부터 20년 뒤 사불상 서른아홉 마리는 천천히 늙어 사망했다. 비록 그들은 죽었지만 들판으로 돌아갈 수 있다는 희망의 씨앗을 심어놓았다. 딩위화는 자신이 5년간 기른 236호 사불상을 자연으로 돌려보내야 한다는 강한 확신이 생겼다. 그 어느 때보다도 강한 확신이었다. 울타리가 없는 진정한 자연 말이다. 지금까지 그가 기울인 노력은 모두 그날을 위한 것이었다.

236호 사불상은 다섯 살이 되던 해 가을에 무리로 돌려보내졌다. 하지만 사불상 무리는 그를 거부했다. 어린 사불상은 겨우내 무리 주변을 맴돌았다. 무리가 사불상보호구에 유일하게 있는 피난소에 모여 바람을 피할 때 그는 홀로 눈보라와 맞섰다. 봄이 왔다. 새로 태어난 사불상들이 깡충깡충 뛰어다녔다. 갓 태어난 사불상들만이 236호 사불상이 이방인이라는 사실을 모르고 그의 다리 사이에서 뛰어 놀며 장난을 쳤다. 다 자란 236호 사불상은 복잡한 눈길로 어린 사불상들을 쳐다보았다. 그의 어린 시절은 그들과 달랐다. 그의 어미는 사람이었고 그들처럼 친구들과 어울리지도 못했다. 하지만 다 자라버린 그는 어린 사불상들과 어울려 놀 수가 없었다. 게다가 어미 사불상이 새끼들을 냉큼 데리고 가버렸다.

여름이 오자 236호 사불상은 강물에 비친 자신의 모습을 보았다. 그것이 자신이라는 사실을 믿을 수가 없었다. 그의 머리에서 아름다운 뿔이 새로 자라나 있었다. 뿔로 수초를 들어 올리자 뿔에 걸쳐진 수초가 나뭇가지에 자라난 무성한 잎사귀처럼 보였다. 사불상의 뿔은 크고 무성할수록 아름답다. 어느 여름날 풀숲이나 갈대숲에서 움직이는 나무를 발견한다면 그것은 바로 산책하고 있는 사불상일 것이다.

5월 하순이 되면 사불상들이 우두머리를 가린다. 수컷 사불상들이 둘씩 짝을 이루어 날카로운 뿔을 앞세워 힘을 겨루고 그 싸움의 최종 승자가 무리의 우두머리가 된다. 하지만 236호 사불상은 들판에서 벌어지고 있는 이 뜨겁고 장렬한 의식에도 끼지 못했다. 그에게도 화려한 뿔이 있고 심지어 다른 사불상들보다 몸집이 더 건장했음에도 불구하고 말이다. 그는 우울한 생활을 계속했다. 여름 내내 그는 무리에서 멀리 떨어져 해변가를 홀로 거닐며 지냈다. 그를 따라오는 것은 그에게 먹이를 얻어먹으려는 백로 몇 마리 뿐이었다.

236호 사불상에게 아무런 희망도 없는 걸까? 그는 따돌림 속에서 고독하게 삶을 마감하게 될까? 딩위화는 그대로 둘 수가 없었다. 236호 사불상의 불행에 딩위화 자신의 책임도 있었다. 사불상 무리가 거부하는 것은 236호 사불상이 아니라 인간이기 때문이다. 그를 도와주어야만 했다.

사불상들이 사불상보호구의 커다란 울타리 안에서 자유롭게 뛰놀며 사는 것을 보며 딩위화는 사불상을 자연의 품으로 돌려보낼 수 있다는 희망을 가졌다. 그들을 진정한 야생 상태로 되돌려놓고 싶었다.

가을이 되자 딩위화와 동료들은 사불상 방목구역 중 6천 평방미터 넓이에 울타리를 쳐서 우리를 만들었다. 그리고 각기 다른 무리에 속해 있는 사불상 열여덟 마리를 골라 그 안에 함께 가두어 놓았다. 새로운 무리를 만든 것이다. 물론 236호 사불상도 그 틈에 끼어 있었다. 낯선 환경과 낯선 동료들과의 만남에 사불상들이 모두 불안한 기색이었다. 하지만 236호 사불상에게는 이것이 따돌림에서 벗어날 수

◇

있는 절호의 기회였다.

사불상 방목구역은 수초가 풍부하고 사람들의 거주지에서 멀리 떨어져 있어 사불상이 살기에 적합했다.

2004년 10월 26일.

울타리가 개방되었다. 사불상들은 울타리 안에서 맴돌았다. 완전히 다 자란 236호 사불상이 울타리 문 밖으로 머리를 내밀고 두리번거리다가 조심스럽게 앞다리를 밖으로 내놓았다. 짧은 탐색을 거친 후 위험한 것이 없다고 판단되자 그가 밖으로 천천히 나왔다. 다른 사불상들도 그의 뒤를 따라 너른 들판으로 나왔다.

사불상 무리는 먼 지평선으로 내달렸다. 그들이 시야에서 거의 사라지려는 순간, 한때 236호로 불렸던 사불상이 고개를 돌려 뒤에서 자신을 지켜보고 있는 사람들을 쳐다보았다. 그리고는 다시 고개를 돌려 들판 끝으로 사라졌다. 모니터링 장치를 통해 그 사불상 무리가 들판으로 돌아간 다음날 먹이를 찾고, 셋째 날에는 호수를 찾았으며, 열흘 뒤에는 새로운 환경에 적응했음을 확인했다. 사불상 열여덟

마리는 계속 무리지어 다녔다. 줄곧 따돌림을 당했던 사불상은 다른 사불상들과는 조금 다른 면모를 보여주었다. 인간에 대해 잘 알고 있다는 장점 때문에 무리를 위해 특별한 먹이를 찾아낼 수 있었다. 그는 무리 안에서 차츰 신뢰를 얻기 시작했다.

사람들이 다시 그 사불상 무리를 발견한 것은 이듬해 여름, 그들이 우두머리 자리를 놓고 경쟁할 때였다. 며칠 동안 사불상 무리를 따라다니고 있던 딩위화의 고배율 망원경에 마침내 236호 사불상이 잡혔다. 그는 용맹한 투사로 변신해 무리의 우두머리와 치열한 싸움을 벌이고 있었다. 달각달각 사불상의 뿔이 부딪치는 소리가 들판을 울렸다. 수컷 사불상 두 마리가 밀치락달치락 사투를 벌였다. 좀처럼 승부가 나지 않았다. 결투는 다음날 새벽까지도 끝나지 않았다.

들판이 어둠 속에서 서서히 깨어날 때쯤 검은머리갈매기 떼가 새로운 우두머리의 탄생을 경축하듯 깍깍 울며 사불상 무리 위 상공을 맴돌았다. 무리에서 영원히 버림받을 뻔했던 236호 사불상은 뿔에 걸린 수초를 휘날리며 무리 주위를 빠르게 내달렸다. 태양이 지평선 위로 높이 떠올랐다.

찬란한 태양이 들판을 황금빛으로 감싸고 모든 수컷 사불상들이 뒤로 물러나 새로운 우두머리에게 존경을 바쳤다.

뿔은 사슴을 닮고, 얼굴은 말을, 발굽은 소를, 꼬리는 당나귀를 닮아서 사불상이라고 이름 붙여졌다. 사불상은 행운의 동물로 여겨진다. 멸종위기가 가장 심각했을 때 전 세계에 열여덟 마리밖에 살지 않았다. 현대 생물학 이론에 따르면, 한 생물종이 100마리 이하이면 멸종될 것으로 본다. 유전의 다양성을 유지할 수 없기 때문이다. 그 이론에 따른다면 사불상 열여덟 마리는 진작 퇴화해 존재하지 않았을

◇

것이다. 하지만 사불상은 현재 3천 마리 가까이 생존해 있으며 퇴화도 나타나지 않았다. 이 점은 동물학자들도 의아하게 여기고 있다. 이 수수께끼가 풀리지 않는다면 사불상이 종족 보존을 위해 어떤 노력을 했는지 알 수 없을 것이다. 사불상이 멸종위기에서 가까스로 벗어났을 때 사람들은 인간이 사불상을 구했다며 감격스러워했다. 하지만 인간은 앞 세대의 부끄러운 잘못을 아주 조금 갚았을 뿐이며, 헛된 오만함을 버리지 못하고 또 다른 생명을 죽음으로 내몰고 있다. 어쩌면 지금도 우리는 결코 갚을 수 없는 고통을 후손들에게 물려주고 있는지도 모른다.

내 이름은 도도
사라져간 동물들의 슬픈 그림 동화 23

1판 1쇄 발행 2017년 8월 4일
1판 5쇄 발행 2021년 12월 10일

지은이 선푸위
옮긴이 허유영
감수자 환경운동연합
펴낸이 고병욱

책임편집 김경수 **기획편집** 허태영
마케팅 이일권, 김윤성, 김도연, 김재욱, 이애주, 오정민
디자인 공희, 진미나, 백은주 **외서기획** 이슬
제작 김기창 **관리** 주동은, 조재언 **총무** 문준기, 노재경, 송민진

펴낸곳 청림출판(주)
등록 제1989-000026호

본사 06048 서울시 강남구 도산대로 38길 11 청림출판(주)
제2사옥 10881 경기도 파주시 회동길 173 청림아트스페이스
전화 02-546-4341 **팩스** 02-546-8053

홈페이지 www.chungrim.com
이메일 cr2@chungrim.com
페이스북 https://www.facebook.com/chusubat

ISBN 979-11-5540-106-4 43400

* 책값은 뒤표지에 있습니다. 잘못된 책은 구입하신 서점에서 바꿔 드립니다.
* 추수밭은 청림출판(주)의 인문 교양도서 전문 브랜드입니다.
* 이 도서의 국립중앙도서관 출판예정도서목록(CIP)은 서지정보유통지원시스템 홈페이지(http://seoji.nl.go.kr)와 국가자료공동목록시스템(http://www.nl.go.kr/kolisnet)에서 이용하실 수 있습니다.
(CIP제어번호 : 2017015835)